JN275954

河村寛治　三浦哲男　編

EU環境法と企業責任

EU Environmental Law

&

Corporate Responsibility

信山社

はじめに

　1980年代は，日本企業による海外進出，事業投資および海外での企業買収等が盛んに行われていた時代であった。これらの案件を進めるにあたっては，進出先での環境問題は非常に重要な問題であり，事業を継続するためには避けて通れない問題であった。特に米国では，まず環境問題があるかどうかを見極めることが，企業買収等の成否を左右するともいえる重大な問題であった。
　同じころ，世界的にはチェルノブイリやアラスカ沖など各地で環境汚染事故が発生し，また酸性雨や熱帯林の減少など地球的環境問題への関心が高まってきていたが，日本では，エネルギー危機を背景とするエネルギー政策の展開や，住宅開発，リゾート開発，高速道路建設など，開発促進を目的として，環境規制緩和という環境行政が行われ，過去の公害事件などの経験も，汚染状況の改善にともない，どちらかというと忘れ去られるような状況になっていた。
　その後，世界的な規模で，大量生産・大量消費・大量廃棄型経済社会システムから循環・共生を基本とした社会への変革という，環境保全の時代へと変わり，日本では，1993年に環境基本法が制定されたが，同時にバブルの崩壊という，企業にとっては未経験の対応を迫られることとなった。かつて1970年代に問題となった，企業の役割とはなにかという企業の社会的責任論が，環境問題も含め再度論議されるようになってきた。
　企業に社会的責任を求める世界的な動きにのって，企業の評価が財務的な指標と同時に社会的・環境的な指標によりなされる時代になり，特に1990年代の後半以降は，株式市場で大きな影響力をもつようになった年金基金がその投資先の選別基準として，企業の社会的責任を重要視するようになってきている。このような企業の社会的責任の一環として，世界的にもグローバル競争時代における競争力の維持・強化のインセンティブとして，環境管理の問題が，企業経営のあり方という点で大きく

はじめに

取上げられる時代となった。

　国際的にも環境管理システムの基準作りが行われ，ISO14000シリーズがグローバル・スタンダードとして認知されるようになり，2003年10月20日に開幕した第五回日経フォーラム「世界経営者会議」でも見られるように企業価値を高めるためには社会的責任に対する考慮がより求められるようになってきており，企業にとっては，環境保全への積極的な取組やコーポレートガバナンスの一部としての環境問題の説明責任が強調されるようになってきていること，そのなかでも特に環境問題が企業経営の最重要事項として認識されるようになってきている。日本でも，環境問題は企業経営にとり最重要課題であるとして，大企業をはじめとして，環境報告書を積極的に策定し，環境対策に要する費用と効果を積極的に環境会計として公表するとともに，環境対策などを明確に打ち出すようになってきている。

　また，日本経済新聞社が2003年9月〜10月にかけて，上場企業だけでなく非上場の企業も含め，4,000社近くを対象におこなったアンケート調査「第7回環境経営度調査」によると，特に電機各社における，EUの電気・電子機器を対象とした特定の化学物質の使用を規制する「RoHS指令」(本書で詳しく説明)への対応をはじめとして，環境負荷の少ない部品などを優先して調達する「グリーン調達」の導入や，生産から廃棄までの間に環境に与える影響を評価する「ライフサイクルアセスメント」(LCA)の導入など環境対策に積極的に対応しているところが増えてきているようである（日本経済新聞，平成15年12月11日）。

　環境対策，環境保護など環境問題の世界では，EUがリーダー的な役割を果たし，環境行動計画などに見られるようにEUを中心とする様々な試みが先行し，この30年の間，世界の各国がそれらを導入するという仕組みが出来上がっているといえる。またISOに見られるように，このEUの試みが実質的に世界のスタンダードとなってきている状況である。

　EUでは，2002年1月には，EU統合に向けて永年の課題であった単一通貨であるユーロが導入され，通貨統合が行われ，より強固な統合に向かいつつある状況下，1986年の「単一欧州議定書」の採択以来，明確に環境保護の重要性が意識され，環境に関する法整備の重要性が主張され

はじめに

るなかで，EUにおける環境問題に関する政策策定過程や最近の急激な法整備の動きを見ることは，現在の国際的な環境問題を考えるにあたっても非常に重要である。企業経営においても，このEUの試みや新たな法整備の動きを注目することは，将来の企業戦略を構築するためにもまた，環境問題を含めた企業経営という問題を考えるためにも非常に重要な問題であるといえよう。

本書は，編者二人が，かつてEUの統合に向け地固めが出来つつあった時期にロンドン大学大学院でEU法を共に学んだ経験，およびその後のロンドンでの駐在経験からEUにおける法律問題やその動向，特に環境問題に関心をもったことがきっかけであり，かつ元企業法務担当者として，EUでの企業運営のあり方に関心をもったという経験も踏まえながら，このEUの環境問題に対する取組みや最新の法整備の動きや関連情報を紹介するとともに，そこで経済活動を行う企業としての責任はどうか，など企業経営の視点から，環境問題つまり環境経営のあり方を捉えようとするものである。

また，同時に環境問題を概括的に理解してもらいたいということからも，国際的な環境問題への関心の経緯や国際的な取組み姿勢なども解説するとともに，環境問題についての最近の日本および世界の動きも見ながら，日本企業として環境問題に如何に取組んでいくべきか，所謂「環境マネジメント」を中心として，企業経営における環境問題につき，まとめたものである。

本書におけるEU環境法に関連する内容については，できる限り最新の情報を提供することに努力したこと，本書の第4章は「EU環境法の新展開」（国際商事法務）として寄稿され，編者二人が翻訳をしたブラッセル在のクリス・ポレット弁護士の原稿を同弁護士の了解を得てそのまま掲載させていただいたこと，およびその他の章においても，同弁護士の上記の原稿をベースとして，EU環境法に関する情報の収集など同弁護士の全面的な協力を得たことを，ここで念のためお断りしておきたい。

本書はまた，EUの環境問題および環境法に関する基本解説書でもあると同時に，世界の環境法の制定過程でEU環境法が果たした役割を考えるという点，および企業の環境問題に関する社会的責任という視点か

はじめに

ら問題を捉えるという点で，企業の環境関連部署の担当者，法務担当あるいはコンプライアンス担当部署の担当者にとって，参考になるものと考えている。

　なお，本書の出版にあたっては，ＥＵ環境法に関する最新の情報の提供をしていただいた，クリス・ポレット弁護士，第5章3(4)の「EUで活躍する日系企業の意見」を寄稿いただいた東芝欧州総代表の石井孝宏氏ならびに第7章3(2)の「グリーン調達」を寄稿いただいた東芝法務部の中山敬氏，また「EU環境法の新展開」と題して連載した原稿の再利用を快く承諾していただいた国際商事法研究所の姫野春一常務理事には，本書をお借りして感謝申し上げたい。また，本書の出版を引受けていただいた信山社の村岡侖衛氏には心よりお礼を申し上げたい。

　2003年12月

編者　河村　寛治

三浦　哲男

河村寛治　三浦哲男編　EU環境法と企業責任

目　次

はじめに

第1章　世界の環境問題 ……………………………［河村寛治］1

1 環境問題とは　1
(1) 環境問題の背景　1　／　(2) 地球サミット　3

2 世界の環境問題への関心　3
(1) ローマ・クラブの警告　3　／　(2) 人間環境宣言　4　／　(3) 持続可能な開発　5　／　(4) バーゼル条約　7　／　(5) 環境と開発に関するリオデジャネイロ宣言　8　／　(6) 京都会議　10　／　(7) ヨハネスブルグサミット　11

3 日本における環境問題への関心　13
(1) 環境（公害）関連法の制定　13　／　(2) 環境庁の設置　16　／　(3) 環境基本法の制定　17　／　(4) 循環型社会形成推進基本法　17　／　(5) 廃棄物処理法とリサイクル法など　18　／　(6) 温暖化防止対策など　21　／　(7) 日本の環境白書　22　／　(8) 企業の対応　24

第2章　EUの環境問題とは …………………………［河村寛治］29

1 EUの環境問題の歴史　29
(1) 有害廃棄物の越境移動　29　／　(2) 環境破壊と環境保護　30　／　(3) EUの統合　31

2 EUの環境政策　33
(1) EUの環境政策の目標　33　／　(2) EUの環境戦略——環境行動計画　35　／　(3) その他のEUの環境政策および指令　39

第3章　EUの環境法……………………………………［三浦哲男］45

1 EU環境法の歴史と法源　45

(1) EU条約の歴史　45　／　(2) EU環境法の基本法制　46　／　(3) EU環境法の二次的法制　47
　2　EU環境法の目的と原則　48
　　(1) EU環境法の目的　48　／　(2) 四つの原則　48　／　(3) 補充性の原則　50
　3　EU環境法と各国環境法との関係　51
　　(1) EU条約上の法的根拠（175条と95条）　51　／　(2) EU加盟国における既存の国内法制の取り扱い　53
　4　環境法制の構造　53
　5　環境法の制定手続――共同決定手続　54
　6　EU環境法の制定過程に誰（どういう機関）が関与するのか　55
　　(1) 欧州委員会　55　／　(2) 欧州議会　57　／　(3) 閣僚理事会　57　／　(4) 欧州裁判所　58　／　(5) その他の関係者　58

第4章　EUにおける環境法の最近の動き　［クリス・ポレット］　61
　1　廃棄物規制とリサイクル　61
　　(1) はじめに　61　／　(2) 歴史的流れ　62　／　(3) EC条約での法的根拠および単一市場の影響力　64　／　(4) 電気および電子機器廃棄物（WEEE）に関する指令　67　／　(5) 有害物資の使用制限（RoHS）に関する指令　72
　2　化学物質規制　76
　　(1) はじめに　76　／　(2) 現在の法的枠組み　77　／　(3) 2001年白書　82
　3　大気質と排気ガス規制　91
　　(1) はじめに　91　／　(2) 大気質と温室効果ガス削減対策　91　／　(3) 大気質　92　／　(4) おわりに：Clean Air for Europe　99

第5章　EU環境問題の最近の動き
　　　――地球温暖化対策についての欧州（特に英国）の最近の動きおよびEU環境法制に対する産業界の取り組み
　　　　………………………………………………………［三浦哲男］　105

1 環境税導入の動き　105
　(1) 統一環境税の導入を見限ったEU　105　／　(2) 英国の画期的な気候変動プログラム　107
2 EUの排出権取引への取り組み　116
3 EU環境法制に対する産業界の取り組み　121
　(1) 加盟国政府の取り組み　121　／　(2) 産業界の対応策　130　／　(3) 欧州企業の対応と責任　133　／　(4) EUで活動する日系企業の意見　138

第6章　EUの環境責任 ……………………［河村寛治］　147
1 環境責任とは　147
　(1) 環境と国家の責任　147　／　(2) 環境法の域外適用　149　／　(3) 環境と民事責任　150
2 EUの環境責任法制　155
　(1) 経緯　155　／　(2) EU環境責任指令案の提案背景　157　／　(3) グリーンペーパー　161　／　(4) 2002年提案　163　／　(5) EU環境責任法の行方　173

第7章　環境問題に関する企業の責任
　　　——日本企業の動きを中心として …………［河村寛治］　177
1 企業の社会的責任　177
　(1) 社会的責任とは　177　／　(2) 企業組織と倫理的行動　180
2 産業界の動き　182
　(1) 経済同友会——新世紀企業宣言　182　／　(2) 経団連地球環境憲章　183　／　(3) 経団連環境アピール——自主行動宣言　184　／　(4) 海外事業展開における10の環境配慮事項　188
3 個別企業の対応　190
　(1) 環境重視政策　190　／　(2) クリーン調達　192　／　(3) グリーン調達に関する日本企業の取組み　192　／　(4) 排出権取引　207　／　(5) 環境税導入の動き　208
4 消費者の環境問題意識　210

目　次

(1) グリーンコンシューマー 210 ／ (2) グリーン購入ネットワーク 211 ／ (3) グリーン購入法 216 ／ (4) 環境保護 218

5　環境経営 219

(1) 環境経営とは 219 ／ (2) 個別企業の環境経営方針 220 ／ ① 伊藤忠商事地球環境行動指針 220 ／ ② 東芝環境保全基本方針 221 ／ ③ トヨタ自動車地球環境憲章 227 ／ ④ 新日本製鉄環境基本方針 227 ／ (3) 経営理念と環境経営 229

6　環境マネジメントシステム 233

(1) 国際標準化 233 ／ (2) ISO14001 234 ／ (3) 環境マネジメントシステムのメリット 235

7　ライフサイクル・アセスメント（LCA） 237

(1) LCAとは 237 ／ (2) LCAの目的 238

8　環境監査 239

(1) 環境監査とは 239 ／ (2) 環境監査ガイドライン 239 ／ (3) 環境監査による具体的問題 240

9　環境会計 241

(1) 環境会計とは 241 ／ (2) 環境会計ガイドライン 241 ／ (3) 日本企業の環境会計 242

10　環境報告書の公開 243

(1) 環境報告書とは 243 ／ (2) 海外における環境報告書の記載内容 244 ／ (3) EUにおける環境報告書の記載内容 245 ／ (4) 日本における環境報告書の記載内容 246

むすび――今後の課題 248

索　引　巻　末

第1章

世界の環境問題

[河村寛治]

1 環境問題とは

(1) 環境問題の背景

　環境問題が国際的な関心を本格的に得るようになったのは，1972年にストックホルムで開催された「国連人間環境会議」において，地球環境問題に積極的に取組むことが明確にされ，ここで採択された「人間環境宣言」が最初である。

　この「人間環境宣言」においては，人類は地球の管理者（Custodian）であり，人間は健全な環境で一定の生活水準を享受する基本的な権利を有すると共に，環境を保護し，改善する責任を負うものである，とされ（宣言6，原則1），また，人間環境の保護・改善はすべて国の義務である（宣言2）と宣言されている。国家の環境に関する権利と責任について，この人間環境宣言の原則21では，各国は，国際法にしたがって自国の天然資源を開発する権利を有するが，同時に，自国の管轄権内または管理下の活動が，他国の環境または国家管轄権の外にある地域の環境を害することのないように確保すべき責任を負うとしている。この人間環

第1章　世界の環境問題

境宣言の前後から，国際的にも環境保護関連の条約の締結が急速に増えてきている。

しかし，その後地球的規模の環境破壊が認識されるようになり，地球環境の劣化はますます深刻化し，環境問題が地球規模の社会問題の深刻化をも招いている。環境問題は，かつての汚染被害による損害賠償を中心とする事後的な損害賠償責任というものから，事後賠償の前提となる損害防止義務など公害対策問題へと発展し世間の注目を浴びるようになったわけである。汚染被害の拡大を食止めるには，汚染被害の発生以前に汚染対策をとらねばならないという事前対策問題に関心が移り，さらには自然環境・生活環境保護という一般的な環境保護の問題へと世界の関心が移ってきている。

同時に，環境問題は，特定の地域に限定した問題ではなく，地球的なレベルへの広がりとなり，また，現代の問題ということだけでなく，次世代のための環境配慮が要求されるという将来を見据えた問題へと，非常に多様な広がりを示すようになってきている。そのため，対応が遅れると問題がより深刻化するという点で，人類の生存に関わる人類共通の問題であるという認識が確認されてきている状況である。

この多様性については，各種の汚染（Pollution-related-Problems）から，自然の保護・自然との共生（Nature-related-Problems），人間生活のおける環境の質（Amenity-related-Problems）といった問題の領域的な広がりという問題となり，明確な汚染被害（Pollution Damage）問題から，目に見えないタイプの被害（Environmental Damage）といった問題の質的な広がり，ローカルなレベルだけでなく，グローバル（地球的）なレベルへの問題の空間的な広がり，それに過去の環境無視のツケといった累積的諸結果が顕在化していること，および，将来世代のための環境配慮といった問題の時間的な広がりという四つの次元の問題として捉えることができるという指摘もある[1]。

20世紀は工業化のため，エネルギー消費などを通じた地球環境への影響が急激に拡大した時代である。経済成長にはエネルギー資源を大量に消費することから，廃棄の増大が問題になり，また，地球温暖化，オゾン層の破壊，大気汚染や森林破壊，水資源の減少など環境への悪影響が

世界的な問題となった。そのため地球環境の保護を目的とする条約は，それに多くの国が参加しなければ意味をなさないということ，また先進国だけでなく，開発途上国の経済成長と開発をも支援するものでなければならないということから，国際的な協力が緊急の課題として議論されるようになってきた。

(2) 地球サミット

こうした状況下で1992年にブラジルのリオ・デ・ジャネイロで「環境と開発に関する国連会議」(いわゆる『地球サミット』)が開催されたわけである。この地球サミットではリオ宣言とそれを実行に移す，行動計画(アジェンダ21)[2]が採択され，21世紀に向けて地球環境を健全に維持するための国家と個人の行動原則が示されたわけである。この地球サミット以降，国際社会における環境問題への取組は徐々にではあるが新たな進展をみせている。

また，米国の環境問題のシンクタンク「ワールド・ウォッチ研究所」は1999年版「地球白書」を発表し，森林破壊，水資源の減少，温暖化の急速な進展を，経済発展を阻害する主要因として挙げ，太陽発電や再生可能なエネルギーへの転換を急務としている。また，この百年間で世界の人口は三倍になり，エネルギーの消費量は十倍以上になっていることから，自然環境は急速に悪化，これまでと同様に経済を支えていくのは最早不可能というところまできていると警告を発している。以下，過去の経緯から現代に至るまでの環境問題に関する流れを見てみることとする。

2　世界の環境問題への関心

(1) ローマ・クラブの警告

環境問題に関する世界の関心の歴史的流れを概括的にみてみると，ま

第1章　世界の環境問題

ず環境問題の重要性を世界的に提起したのは，1970年にスイス法人として設立された民間組織であり，世界各国の科学者，経済学者などの知識人からなる「ローマ・クラブ」により出版された『成長の限界』(The Limits to Growth)[3]であった。これは，環境法のバイブルともいわれている書物であり，このなかで，「経済成長や人口増加率を減少させなければ，将来，資源枯渇や環境破壊が発生し，大変なことになる」と警告を発していたが，現在は，まさにその通りの状況が現れてきているといえよう。

このローマ・クラブは，当時深刻な問題となりつつあった天然資源の枯渇化，公害による環境汚染の進行，発展途上国における爆発的な人口の増加，軍事技術の進歩による人類の危機の接近に対し，人類として可能なかぎりの回避の道を真剣に探るということを目的として，成長拡大路線から世界的な均衡路線への転換を訴えており，1968年4月にローマで最初に会合がもたれたことから，「ローマ・クラブ」と名づけられている。日本においてもローマ・クラブの日本チームが編成され，アジアとか発展途上国など固有の地域的な特性を加味したモデルの開発などが積極的に行われてきた。

(2)　人間環境宣言

当時，既に石油資源の枯渇の問題が現実の問題であり，それに伴い環境破壊は地球の温暖化や大気汚染などの問題に派生するということが話題になってきており，環境問題に対する国際的な取組みの必要性が認識されるようになってきていた。1972年には，ストックホルムで国連による「人間環境会議」が開催され，世界から114カ国が参加し，日本からは当時発足したばかりの環境庁から環境庁長官が出席し，水俣病など悲惨な公害を発生させたことを反省，公害の解決を訴え，また，水俣病の被害者が民間団体の一つとして出席し，世界に公害の恐ろしさをアッピールした[4]。

同会議は経済成長と環境保護を調和させることを目的とした「人間環境宣言」(ストックホルム宣言)を採択し，環境権と環境保全の責任を表明した。この宣言の原則1において「人は，尊厳と福祉を保つに足る環境

で，自由，平等および十分な生活水準を享受する基本的権利を有するとともに，現在および将来の世代のために環境を保護し改善する厳粛な責任を負う」と述べている。この会議はまた，環境保護か経済発展かをめぐる先進国と発展途上国の対立（南北問題）を際立たせることにもなるきっかけとなったものとなった[5]。

その後1972年12月の国連総会において，環境問題における国際協力を促進する為の国連機関として「国連環境計画」（United Nations Environmental Program: UNEP）が設立された。この UNEP のナイロビ宣言（1982年）では，オゾン層の破壊，二酸化炭素濃度の上昇，酸性雨，海洋や淡水の汚染，有害廃棄物の使用と処分に伴う汚染，動植物の種の絶滅など，地球環境に対する脅威が広範囲に現実の問題として認識されるようになり，環境損害の防止義務が明確に主張されるようになった。

(3) 持続可能な開発

1987年に発表された「国連・環境と開発に関する世界委員会」（WCED 通称ブルントラント委員会）の報告書では，ローマ・クラブの警告を踏襲し，人間の活動は自然生態系が持続的に支えうる範囲を超えてはならない，すなわち持続可能でなければならないとする「持続可能な開発」（Sustainable Development）ということが表明され，長期的な視点にたって環境問題に対処することが提案された。

これは持続可能な開発と訳されることが多いが，持続的発展とか維持可能な発展というように訳されることもある。「現世代の必要を満たすと同時に，将来世代のそれを妨げないような開発」を意味し，以後，環境問題の理念として使用されることとなったが，最近ではその他の方面でも使用されている。

この「持続可能な開発」あるいは「維持可能な発展」という考え方は，1992年の「環境と開発に関する国連会議」（いわゆるリオ会議）を通じて一般的になった。「持続可能な開発」・「維持可能な発展」というものは，環境への負荷が環境の容量を超えるならば不可能であり，現在の環境問題は，地球レベルであれ，地域的レベルであれ，環境への負荷が過大に

第1章　世界の環境問題

なっていることより生じているものであることから，環境への負荷を低減することが環境問題の重大な課題であるといわれている[6]。因みに日本の環境基本法も，環境への負荷の少ない持続的発展が可能な社会の構築を基本理念の一つとして掲げている（環境基本法第4条）。

「持続可能な開発とは何か」という問題は，環境問題を考える際に，その基本理念として最も重要な問題であり，後述するように2002年8月にヨハネスブルグにおいて開催された「ヨハネスブルグサミット」においても以下のように説明されている。

「持続可能な開発は，地球の持つ能力以上に天然資源の利用を増やすことなく，世界全体の人々の生活を質的に向上させることを求めるものです。持続可能な開発のためには，地域によって異なる行動が必要となるかもしれませんが，真の意味で持続可能な暮らし方を築き上げるためには，3つの主要分野での行動を統合する必要があります。

・ <u>経済成長と公平性</u>——今日の相互連関的でグローバルな経済システムでは，責任ある長期的な成長を促進する一方で，置き去りにされる国家やコミュニティが出ないようにするため，総合的なアプローチが要求されます。

・ <u>天然資源と環境の保全</u>——私達の環境遺産と天然資源を守り，将来の世代に引き継いでいくためには，資源の消費を減らし，汚染に歯止めをかけ，自然生息地を保全するための経済的に継続可能な解決策を開発しなければなりません。

・ <u>社会開発</u>——世界中の人々には，仕事，食糧，教育，エネルギー，健康管理，水および衛生設備が必要です。このようなニーズに対処する一方で，世界共同体はまた，文化的・社会的多様性という豊かな構造と労働者の権利が尊重され，社会のあらゆる構成員がその将来の決定に役割を担う力を与えられえるようにしなければなりません。」

という形で，資源保護および社会生活の向上といった一見相反するような課題を同時に満足するということを目ざし，かつそれも総合的に行っていかなければならないということが，目指すところの「持続可能な開発」ということだとしている。

(4) バーゼル条約

また，国連環境計画（UNEP）では有害廃棄物の管理に関し，1987年に「有害廃棄物の環境上適正な管理のためのカイロ・ガイドライン」と題する指針(Cairo Guidelines and Principles for Environmentally Sound Management of Hazardous Wastes)を承認した。このカイロ・ガイドラインをもとに，1989年3月22日に，参加国116ヵ国のうち，105ヵ国の承認を得て「有害廃棄物の越境移動とその処理に関するバーゼル条約」が成立した。

この有害廃棄物の越境問題が表面化したのは，1982年のイタリアのセベソ事件である。このセベソ事件というのは，実はイタリアのミラノから20kmのところにあるセベソという町のイクメサ社という会社の工場で1976年に起きた爆発事故により，ダイオキシンが大量に大気中に吹出し，セベソを含む一帯の地域において，ダイオキシンの影響が多く発生した事件が発端であった。この事故の後，ダイオキシンを含む土壌を撤去したものの，一部が行方不明となり，それがドラム缶詰で後にフランスで発見され，二重に問題となった事件である。

国境を接するヨーロッパ各国は，国境を越えた環境問題に対して，従来から問題意識が高く，たとえば，原子力による放射能汚染などの損害を念頭に，ヨーロッパ原子力共同体（EURATOM）が設立され，原子力損害の賠償制度について条約などで対応が検討されることが多かったことから，この種の問題に対して動きは非常に早かったわけである。

EUやOECDでは，この有害廃棄物の越境移動問題を深刻に受け止め，OECDでは1984年には，有害廃棄物の越境移動に関する原則を定め，さらには，国連環境計画（UNEP）が，有害物質の環境上，適性な輸送，管理，処分に関する指針または原則を発展させるために，1987年6月にカイロ・ガイドラインを承認した際に，スイスとハンガリーの共同提案に基づき，作業グループが設置され，1989年までの二年足らずの交渉を経て，UNEPにおいて全会一致で採択されたものである。

交渉の過程では，アフリカを中心とする発展途上国が世界中のすべての越境移動の禁止を主張するのに対し，先進国の多くは，廃棄物の取引，とりわけ，経済的な価値がまだあるリサイクル可能な物資の先進国間の

取引には多くの制限を設けるべきでないと主張して，発展途上国と先進国間での意見の対立が表面化したわけである。その原因として，1988年にはイタリアにおけるPCBを含む有害廃棄物がナイジェリアのココ湾に不法投棄されていたというココ事件などもあげられる。

その発展途上国と先進国間での意見の対立は，一層深まり，条約は採択されたものの，条約が不十分なものとして条約への署名を延期したりしたこともあった。しかし，条約発効に必要な20カ国の批准に続き，1992年5月5日の条約の発効後には締約国も増え，現在では大多数の国およびEUが批准している。日本も1993年9月17日に条約に加入している。

この条約の趣旨は，有害廃棄物の管理を適正に行うことにより，途上国の汚染を未然に防ぐものであり，原則，発生国で処分することとし，やむを得ない場合は規定に従って適正に処分することを求めている。この条約は，1995年の改正で，OECD加盟国から非加盟国への有害廃棄物の輸出を1997年末をもって全面的に禁止することが決定された。

日本では，1999年末に，栃木県の産業廃棄物処理業者がフィリピンに医療廃棄物を不法に持ち込み処理していたことが発覚したようであり，フィリピン政府はバーゼル条約に基づき，日本政府に回収の要請を行い，回収を行ったという事件がおきたりしたこともあった。

(5) 環境と開発に関するリオデジャネイロ宣言

1992年6月には，前掲の「環境と開発に関する世界委員会」(WCED)の報告書を受けて，ブラジルのリオデジャネイロで「環境と開発に関する国連会議」(地球サミット)が開催された。この会議には世界から約180カ国が参加し，「環境と開発に関するリオデジャネイロ宣言」が発表され，内容的には十分なものとはいえないが，地球環境保全のための国際的合意ができた。

このリオデジャネイロ宣言の内容は，我らの家は地球であるという考えのもとに，各国政府，国民を其の家族と位置づけ，人類と自然の共生や相互依存をうたっている。交渉の過程で先進国と途上国との間で，環境問題の責任論や地球環境の保全と国家主権の関係が，争点となったが，

環境問題に関しては世界各国が共通して責任は負うものの，果たすべき役割は異なるという「共通であるが差異のある責任」という考え方が持込まれた。開発についても自国内の資源に関する開発は認めるものの，他国の環境への影響をおよぼさないという考え方も合意された。

また，環境と開発を統合して持続可能な開発のためのグローバル・パートナーシップを促進するために，具体的な行動原則と資金的協力を定めた「21世紀に向けた人類の行動計画：アジェンダ21」が合意されるなど，世界的な規模での地球環境の保全に対する取組が世界的関心をもって認知された。

この「アジェンダ21」とは，リオデジャネイロで行われた地球サミットにおいて採択された，人類に共通の未来を確保するために各国政府および国民がとるべき一連の行動原則（リオ宣言）を実施するための具体的行動計画であり，500頁にわたる膨大なもので，その内容は，貿易と環境，国際経済，貧困問題，人口問題，人間居住問題，意思決定における環境と開発の統合などを中心とする第一部と，開発の資源のための保全と管理といういわゆる地球環境問題について，分野別の環境保全施策が詳細に述べられている第二部，社会構成員の役割の強化に関する第三部，並びに実施手段としての第四部とから成っている。

その後，アジェンダ21を受けて，国連環境計画（UNEP）は「化学物質の国際取引に関する倫理規範」を1994年4月に策定したり，また，製品や製造工程，サービスによる環境破壊を最小限にくい止め，環境に与える影響をできるだけなくす為には，国際規格の開発が有効な手段であるということ，および「持続可能な開発のための経済人会議」（The Business Council for Sustainable Development: BCSD）でも，環境パフォーマンスの国際規格等に関する取組の重要性が指摘され，ISO (International Organization for Standardization) に対し，国際規格の策定を要請した結果，ISOにおいて環境に関する国際標準化が検討された。

この結果，1996年に環境マネジメントシステムがISO14001として標準化されると共に，環境監査がISO14010として，また1997年にはライフサイクル・アセスメントがISO14040として，その環境マネジメントシステムの国際標準規格がISO14000シリーズとして導入された。

第1章　世界の環境問題

(6)　京都会議

　リオデジャネイロでの会議に続き，世界的な環境問題を議論する会議としては二回目となるのが，1997年12月に京都で開催された「地球温暖化防止京都会議」である。この会議には，世界の160カ国以上の国が参加して地球温暖化対策の国際的な取組みについて議論され，二酸化炭素（CO_2）などの温室効果ガスの削減率やその目的達成のための柔軟性のある国際的取組等を盛り込んだ「京都議定書」が採択されるなど，地球の温暖化防止の視点から地球環境保全が議論されたものである。

　この京都会議の内容は，1995年のベルリンでの第一回気候変動枠組条約締約国会議（COP1）での決定にもとづきおこなわれた地球温暖化防止を目的とするために開催されたものであり，COP3と呼ばれる。先進国はCO_2やメタンなど温室効果ガスを2008年から2012年までに，排出量を1990年より平均5.2%削減することを義務付けられた。この目標を定めたものが「京都議定書」である。

　しかし一方では，発展途上国における二酸化炭素の排出が急激に増大しつつある状況下，これを抑制していくことも要求されるが，途上国としては排出抑制をするための財政的，技術的困難に直面しており，さらには先進国側が既に大量の二酸化炭素を排出しているにもかかわらず，途上国にこの排出規制を課そうとしていることに不信感を持っていることが問題になっている。

　このためにも，先進国が率先して二酸化炭素の排出量の削減を行い，途上国が二酸化炭素の排出量を抑制しやすい状況を作ることが必要であるとされ，そのための各種の制度作りがなされてきている。たとえば目標を超えて削減できた国がその権利を他国に譲ることができる「排出権取引」や「共同実施」および「クリーン開発のメカニズムの実施」など国際的な仕組みも取決められ，具体的な実施も既に行なわれてきている。

　この京都議定書には，日本およびEUが既に批准して，今年度中にも京都議定書は発効する予定であったが，ロシアが国内の経済問題により批准を延期すると公表したため（2003年9月27日付日本経済新聞），その発効は遅れる見込みとなっている。この京都議定書の最大の問題は，各国

において既に先行して排出権取引などを実施しているところがあるにもかかわらず，参加国が限定されていることである。特に米国が途中で離脱したこと，および発展途上国には削減目標がないことなどが影響を及ぼす問題とされている。参加国にとっては約束した削減目標を達成できなければ，何らかのペナルティーが課せられることになり，参加国の間のコスト負担についても必ずしも平等の扱いがなされているわけではない点などが問題とされている。

しかしながら，世界的には，産業界もふくめ，省エネルギー対策や温暖化ガスの排出権取引などは既に実施されており，もはや後戻りはできない状態である。日本においても，景気の低迷にもかかわらず，CO_2の排出量は減少する傾向はみられず，京都議定書の基準をベースとするとその達成には相当な困難が予想される数字になっているといえよう。従来のような自主的な削減努力が成果をあげないとすると，排出枠の割当や環境税の導入に拍車がかかることになることが十分に予想されるわけである。

いずれにしても，地球温暖化の問題は現在の経済社会システムがもたらす様々な問題の一部であり，これを解決するためには，これまでの活動を見直し，今後何をすべきかを常に念頭に置くことが必要であろう。

環境庁は，平成10年版の環境白書により，「今こそ，経済社会システムを大量生産，大量消費，大量廃棄型から，物質循環を確保し，かつ自然のメカニズムを踏まえ自然との共生を確保した，「循環」と「共生」を基本に据えたものにかえるため行動する必要がある」と警告している。

(7) ヨハネスブルグサミット

2002年8月から9月はじめにかけて南アフリカのヨハネスブルグで開催された「ヨハネスブルグサミット」は，1992年のリオデジャネイロでの「環境と開発に関する国連会議」（地球サミット）に続く，国際的な環境問題全般を考える世界首脳会議（環境開発サミット）である。そのなかでも，ヨハネスブルク・サミットは，「理念よりは現実」を前面にして計画を実施に移すことを重視し，前進を阻む障害と，1992年の地球サミッ

第1章　世界の環境問題

ト以降に達成された成果を評価するとともに，過去10年間に得られた知識を活用する機会であると同時に，地球サミット以降に出てきた様々な地球環境保全のための国際的な枠組みを総括し，どちらかというと遅れがちな国際的な取組みも含み，グローバルな持続可能性に向け，資源と具体的行動を動員する上で，新たな弾みをつけることになるものであるということが強調されている。

その開催に向けては，地域レベルから何度も準備会合が行われてきたヨハネスブルグサミットでは，アナン国連事務総長の言葉として，

「持続可能な開発の達成は容易ではありません。将来の世代がそのニーズを充足する能力を犠牲にせず，今日のニーズを充足する開発という私達の目標を達成するためには，最高レベルでの意思決定においても，生産者と消費者の日常的な行動においても，大きな変革が必要となります。このような変革を誓約し，そのための包括的な行動計画として「アジェンダ21」を採択しました。しかし，約束だけでは目標を達成できないことが明らかになりました。私達は未だに，開発の経済的，社会的および環境的側面を十分に統合できていないばかりか，現在の苦境をもたらした持続不可能なやり方とも縁を切れないでいます。私達がともに暮らすこの惑星では，生態的，社会的，経済的および文化的関係が微妙に絡みつき，私達の生活を形作っています。持続可能な開発を達成するためには，すべての生命が依存する生態系に対し，一つの人間共同体の構成員であるお互いに対し，そして，私達が今下す決定の結末を背負って暮らすことになる将来の世代に対し，より大きな責任感を示す必要がありましょう。」

と，地球サミットの合意をさらに着実に実施していくべき意気込みが再確認されている。

このヨハネスブルグサミットでは，WTOを中核とした自由貿易とグローバリゼーションを推進する流れが衝突し，先進国と発展途上国との対立構造というものはそのまま解決することはなく，地球全体の環境保護，特に発展途上国における環境悪化を救済するための責任と経済的負担は誰が負うのかという問題について，激しい議論が戦わされた。

しかしながら，従来の国際会議の成果物と同様に，各国政府による交

渉と合意の成果として，持続可能な開発のための決意を新たにする「持続可能な開発に関するヨハネスブルグ宣言」と，各国，国際機関等に対し21世紀最初の包括的な行動指針を示す「実施計画」が採択されるとともに，タイプ2文書と呼ばれる「約束文書」が会議の成果物としてまとめられている。その概要は以下の図の通りである。

また，特に企業の責任として，政府間協定や措置の十分な策定と効果的な実施，国際的なイニシアチブと官民パートナーシップ，および適切な国内規制を通じたものを含め，企業の責任と説明責任を積極的に促進するということを謳っている。

この「約束文書」は，各国政府の交渉や合意の結果をまとめたものではなく，国だけでなく，国際機関，地方自治体，NGO（非政府組織），企業等が，同じ立場の参加主体として関わり，それぞれ自主的に持続可能な開発のための具体的なプロジェクトの実行を自ら宣言したものであり，約束文書はこうした宣言をとりまとめたものとなっている。わが国からも，政府として，水，森林，生物多様性，エネルギー，教育，科学技術，保健等の分野で30件のプロジェクトを国連事務局に提出したほか，NGO，企業，地方自治体が，独自に多くのプロジェクトを提出している。

また，わが国は会議の開催に先立ち，持続可能な開発のための日本政府の具体的な行動「小泉構想」を発表し，その中で，特に人づくりが重要であるとの認識に立ち，「持続可能な開発のための教育の10年」を国連において採択すべき旨を提案し，この提案が実施計画に盛り込まれている。その後この実施計画を受け，2002年12月には「国連持続可能な開発のための教育の10年」の決議が国連総会において採択されている。

3　日本における環境問題への関心

(1)　環境（公害）関連法の制定

次に，我が国における環境保護関連法の制定の動きを見てみることとする。我が国においては，「環境法」は，かつては「公害法」と呼ばれ，

第1章　世界の環境問題

明治時代の足尾鉱毒事件[7]や日立煙害事件[8]に端を発したものである。この時代は日本の近代化の時代であり，近代化の過程では鉱物資源に対する依存度が高く，その結果，鉱山からの公害発生の事例が出てきたわけである。

足尾鉱毒事件は，足尾銅山からの鉱毒が，1890年の渡良瀬川の大洪水により下流一帯の地域を汚染し，農作物への影響など未曾有の被害を出した事件であり，その後繰り返される渡良瀬川の大氾濫の結果，下流の谷中村の消滅に至った事件である。当時，鉱山側（企業側）はほとんど有効な公害防止対策をとることなく，被害者は示談（和解）でわずかの補償を得て被害の受忍を強いられるか，わずかの補償金で強制的に立ち退くかの選択を強いられたわけである。この事件では，国会議員であった田中正造が村民とともに問題を提起し，谷中村の廃村に反対して活躍したことでも有名である。

一方，日立煙害事件では，鉱山側（企業側）は，被害住民と協力して鉱害防止のための調査研究を行い，科学的調査に基づき補償を行い結果的に被害も減少した。過去の事件としては，日立事件での対応は非常に稀であり，ほとんど事件が企業側による公害防止コストの節約という対応を中心としたものが多く，結果としてこれにより被害が益々増大してしまったと考えられるものが多かった。これらは問題が発生してはじめて対応するという「エンドパイプ対応」により問題がより拡大したものである。この傾向はその後継続することとなり，公害など環境問題に積極的に対応するようになったのは，戦後のこととなる。

つまり，戦後の復興時期に大都市地域に建設された工場からの煙や水質汚染，騒音などの公害に対し，地方自治体が工場公害の規制に乗り出した工場公害防止条例がこの対応の始まりである（1949年東京都工場公害防止条例）。その後，公害規制の動きが各地方自治体にも広がり，また，工場騒音以外の一般騒音防止にも規制が適用されるようになった。国としての公害対策法の始まりは，本州製紙の江戸川工場による汚水の江戸川への放流に端を発した「浦安漁民騒動事件」の結果，1958年に制定された「公共用水域の水質の保全に関する法律」（水質保全法）と「工場排水等の規制に関する法律」（工場排水規制法）である。また1962年の四日市

喘息などの大気汚染公害対策としての「ばい煙等の排出の規制等に関する法律」などが制定され，公害規制の動きが積極的に対応を始めることとなった。

戦後の石油化学および重工業化という産業政策の進展につれて，1960年代以降，深刻な公害被害が顕在化し，熊本と新潟の水俣病，富山のイタイイタイ病，四日市の喘息といういわゆる四大公害が問題となったことから，1967年に「公害対策基本法」が制定された。この公害対策基本法は，公害を大気汚染，水質汚濁，土壌汚染，騒音，振動，地盤沈下，悪臭の七つの典型公害として定義し，事業者，国・地方公共団体，住民の責務を明らかとし，環境基準を導入したり，公害防止施設の整備や地方公共団体に対する助成措置・事業者に対する助成など，1993年11月に環境基本法が制定されるまで，我が国の環境行政の根幹をなすものであった。

また，1968年には大気汚染防止法，騒音規制法，1970年には水質汚濁防止法，海洋汚染防止法，土壌汚染防止法，廃棄物処理法や公害罪法などの公害(環境)関連法が制定された。この時期は，公害対策基本法の改正により，自然環境保護の規定が新設され，政府としての自然環境保護に対する責務が明確にされて，後述のように1971年の環境庁の設置により，環境問題は公害の防止対策とともに自然環境の保護という方向性が明確になった時期でもある。

この時期は，一方では1971年から1973年にかけて，いわゆる四大公害事件はいずれも原告の勝利という判決[9]が下された。これらはいずれも加害者である企業に責任ありとの結論であった。疫学的因果関係などによる因果関係論，研究調査義務を前提とする高度な予見義務と結果回避義務による過失論，複数の企業に連帯責任を課す共同不法行為論が確立したのはこの時期である[10]。

この後日本では，各種の大気汚染や交通公害に基づく損害賠償と差止訴訟，大阪国際空港公害訴訟事件[11]や名古屋・新幹線公害訴訟事件など，原因者が不特定多数であり，社会的要因が介在しているような環境破壊となる行為「都市生活型公害」に対する差止め訴訟，いわゆる環境権訴訟が各地で提起されるようになった[12]。これらの環境問題は技術的対

第1章　世界の環境問題

応だけでは解決が困難な性格を持つところにその特質がある。

(2)　環境庁の設置

このように公害対策基本法が制定されたものの，公害行政については，関係官庁が厚生省や通産省に分かれ，総合的で予防的な行政を推進することが困難であることから，1971年に，総理府の外局として公害の規制と関係省庁の総合調整を行う官庁としての「環境庁」が設置された。

この時期の環境庁の主な課題は，公害や環境破壊を事前に防ぐ為の法制度の整備であり，環境影響評価（環境アセスメント）制度を立法化することであった。1974年のOECDの勧告もあり，1976年には立法案もできあがったが，開発関係官庁や経済界の反対でなかなか立法化することができなかった。この時期の日本企業は公害防止技術の開発に全力をあげ，世界的にも最も評価される成果をあげてきており，この時期の政府による規制や基準の強化にも伴い，社会的にはそれほど大きな公害問題は発生しなくなってきていた。

また，1980年代には，汚染状況の改善にともない，さらに世界的な不況のなかで世界的にも成長待望感が強かった状況の中で，また，エネルギー危機を背景とするエネルギー政策の展開や，住宅開発，リゾート開発，高速道路建設など開発促進のため，環境規制緩和という環境政策・環境行政の転換が行われた。これが後述の通り，企業が現在直面している不況対策のための企業経営と環境問題対応としての企業経営との両立問題の原因の一端ではなかろうかと思える。

その後登場してきたのが，以前の公害対策問題と比べ，省資源・リサイクルをはじめとした多角的な対応が要求され，かつ国際的な対応も求められる地球環境問題であった。1980年に「地球的規模の環境問題に関する懇談会」が設置され，1989年には「地球環境保全に関する関係閣僚会議」が設置され，「地球温暖化防止行動計画」を取りまとめた。また，産業界でも後述の通り，経団連が「地球環境憲章」を発表している。

この時期は世界的にも，イタリア・セベソ事件（1976年），スリーマイル事件（1979年），インド・ボパール事件（1984年），スイス・バーゼル事

件 (1986年)，ロシア・チェルノブイリ事件 (1986年) やアラスカ沖タンカー事件 (1989年) などの事故だけでなく，地球温暖化，オゾン層破壊，熱帯林の減少，酸性雨や有害物資の廃棄問題など，世界的にも地球的環境問題への関心が寄せられるようになってきた時期でもある。

(3) 環境基本法の制定

1992年には，「環境と開発に関するリオデジャネイロ宣言」の趣旨に沿い，新たに環境基本法の制定に向けて検討が開始され，法案として国会に上程されたが，1993年の国会解散により一旦廃案となった。しかし，1993年11月に再度上程され，法律として成立した。これに伴い，環境法に関する基本的考え方も，先の公害対策基本法は廃止され，直接的な被害を問題とした，いわゆる公害対策の時代から，被害にはいたらないが本来維持すべき「自然環境」の保全に支障を与える活動を問題にする環境保全の時代へと転換したわけである。

この「環境基本法」では，環境の保全について三つの基本理念「(1)環境の恵沢の享受と継承等，(2)環境への負荷の少ない持続的発展が可能な社会の構築等，(3)国際的協調による地球環境保全の積極的推進」を定め，更に環境保全に対する基本的施策として新たに『環境基本計画』を導入し，1994年には「循環を基調とする経済社会システムの実現」，「自然と人間の共生」，「環境保全に関する行動への参加」，「国際的取組みの推進」の四つの目標をもった『環境基本計画』が策定され，1997年には懸案であった開発に伴う自然環境の破壊など環境リスクを事前に評価する「環境影響評価法」（環境アセスメント法）が制定された。

これらに共通の課題は，環境問題は公害の発生の未然の防止そのものではなく，その前段階の「環境への負荷の低減」を社会全体の目標として対応することが大切であるとされている。

(4) 循環型社会形成推進基本法

大量廃棄物の排出に伴い，廃棄物の処理に関する規制が次第に強化さ

れ，リサイクルを促進する枠組が設けられるなど廃棄物処理およびリサイクルに関する法律の整備が進んできたが，これを体系化することにより，より一層の廃棄物の適正処理を推進するということで，2000年6月には，「環境基本法」の下に「循環型社会形成推進基本法」が制定され，この分野における基本的枠組を構築することとされた。

その基本的な考え方は，廃棄物の適正処理とリサイクルの推進であるが，廃棄物処理およびリサイクル対策を進める上での基盤整備を行う主体としての国の責務を，廃棄物の回収・処理といった循環型社会システムの構築のため，住民の参加意識を高め，環境保全に対応した行動を促進するための取組みを進めるといった地方自治体の責務を，また企業および国民の責務などを定め，廃棄物やリサイクル対策を総合的・計画的に推進するための基盤を確立するということを目的としている。

この法律により，形成されるべき循環型社会の概念として，
① 廃棄物等の発生を抑制し
② 排出された廃棄物等のうちの循環資源を適正に利用（循環的な利用）したうえで，
③ 最後に利用できないものについては，適正な処分の確保をする。
としている。

国の責務として，循環型社会の形成を総合的・計画的に推進するため，その基本計画を策定することとされており，2003年3月に「循環型社会形成推進基本計画(循環基本計画)」が閣議決定されている。そこでは国が推進すべき施策として，廃棄物等の発生抑制のための措置，循環資源の適正な循環的利用および処分のための措置，再生品の使用の促進，製品等に関する事前評価の促進，環境保全上の支障の防止と支障の除去等の措置，経済的措置および施設整備のうちから，必要な措置を選択して規制・支援・助成などの措置を講ずるものとされている。

(5) 廃棄物処理法とリサイクル法など

日本の高度成長を支えた大量生産，大量消費，大量廃棄型の社会経済システムは，ここへきて，いろいろな問題を提起してきており，特に大

量の産業廃棄物の処理が問題となった。産業廃棄物の処理問題については，現在，四国の豊島問題をはじめとして日本各地で問題となっているように不法投機や最終処分場の制限の問題が発生してきていた。そのため，1970年に制定された「廃棄物の処理および清掃に関する法律」(その後改正が繰返されてきていた) を改正するため，1997年6月に「廃棄物処理および清掃に関する法律の一部を改正する法律」(改正廃棄物処理法) が成立し，段階的に施行された。その主な内容は，
① 廃棄物の減量化とリサイクルの推進
② 廃棄物処理についての信頼性・安全性の向上
③ 廃棄物の不法投機対策等

である。この廃棄物の不法投棄対策として，「産業廃棄物適正処理センター制度」が設けられ，ここの原状回復基金で原状回復措置への支援が行われることとなった。

廃棄物対策としては，2000年5月に「廃棄物の処理および清掃に関する法律」が新たに改正され，国として廃棄物の減量・適正処理に関する基本方針の制定義務が課されたり，都道府県においても廃棄物処理計画の策定など，廃棄物問題への関与の範囲が拡大されることとなった。

また2002年5月29日には「土壌汚染対策法」が成立し，かつての農用地を対象としていた土壌汚染防止が，工場跡地や廃棄物処分場跡地など非農地を対象とするものとして成立したものである。この「土壌汚染防止法」は，2003年2月15日には，関係政省令が整えられて，施行されている。

この法律では，使用が廃止された特定有害物質の製造，使用または処理を行う工場などの用地，土壌汚染により健康に被害が及ぶおそれがあると認められる土地について土壌汚染状況調査を義務付け，調査結果を報告させること，また一定の基準に適合しないと判断される場合には，汚染区域として指定，公示した上で，現在の土地所有者等に対し，相当の期間を定めて土壌汚染の除去措置などに関する一定の負担を課すことができることになっている。

つまり汚染物質が投棄されている土地の開発にあたっては，従来は，法的な義務ではなかった汚染土壌の撤去が必要となるケースが法的は義

務として導入されるようになったわけである。これは米国のCERCLA (Comprehensive Environmental Response, Compensation & Liability Act) という1980年に制定されたいわゆる「スーパーファンド法」を範としたものである。これにより，典型公害の七つ（大気汚染，水質汚濁，騒音，振動，地盤沈下，悪臭および土壌汚染）に関して，基本的な法整備が整ったことになるわけである。

廃棄物のなかでも，産業廃棄物処理法で定める廃棄物とは別に，有用なものとして再利用可能なものに関しては，循環的な利用を促進することとされ，そのなかでも占める割合の多い容器包装に関しては，その処分場の確保も難しいということともあり，1995年には「容器包装に係る分別収集および再商品化の促進等に関する法律」(容器包装リサイクル法)が制定され，取りあえずその対象はガラスビンとペットボトルだけであるが，1997年4月から施行された。また2000年度からは，紙製容器やプラスチックもその対象となり，中小企業にもリサイクルの義務を課している。

この法律の特徴は，消費者，市町村，企業の三者の役割分担と協力体制を目指した点である。また，家庭から不用品として出される家電製品についても，現在はそのほとんどが破砕処理か埋立て処分されているが，これらも廃棄場所がますます限られるなどの問題があるため，有用な部品や素材の再商品化等をはかることにより，循環型経済社会の実現の為，1998年6月に「特定家庭用機器再商品化法」（家電リサイクル法）が公布された。この法律の施行は2001年4月であったが，テレビ，冷蔵庫，洗濯機，ルームエアコンの家電主要四品目が，取りあえずその対象に指定された。

このようにリサイクルの推進の観点から，製品ごとにリサイクル関連法が制定されてきているが，不法投棄の量では最大の割合を占める建設廃棄物に関して，2000年5月に「建設工事に係る資材の再資源化に関する法律」(建設資材リサイクル法)が成立，一般廃棄物の約30％を占める食品廃棄物の処理に関し，同年6月に「食品循環資源の再生利用等の促進に関する法律」（食品リサイクル法）が成立，また，年間500万台にも及ぶといわれている自動車の廃車に関して，2002年7月には，「使用済自動車

3 日本における環境問題への関心

の再資源化等に関する法律」(自動車リサイクル法) が成立している。

これらの「リサイクル法」は、いずれも企業に再商品化等の実施義務を課しているものであり、その厳格な遵守が求められることになる。また、2004年度には「自動車リサイクル法」が施行される予定であり、この自動車リサイクル法は、生産者が製品の処理・リサイクルに責任を持つ「拡大生産者責任 (EPR)」の考え方が導入されたものである。このなかでは、自動車メーカーは使用済み自動車のシュレッダーダスト、フロン類、エアバック類の三品目を引取り、再資源化するとともに、フロン類は回収・破壊することになる。

以上説明したリサイクル関連法が個別の製品を対象としているのに対し、多くの使用済み物品や副産物の発生抑制、再生資源・再生部品の利用促進に対する取組みを進めるということを目的として、2000年6月に従前の「再生資源の利用の促進に関する法律 (リサイクル法)」を改正し、新たに「資源の有効な利用の促進に関する法律 (資源有効利用促進法)」が制定された。この法律により、対象品目も拡大され、従前の3業種30品目から10業種69品目となっている。このなかでは、指定省資源化製品、指定再利用促進製品、指定表示製品および指定再資源化製品として、政令で指定するなどにより処理が義務付けられるようになっている。

(6) 温暖化防止対策など

その他、燃料資源の有効利用を目的とした「省エネルギー法」(1979年)に制定されたが、地球サミットを受けて1993年に一部改正、京都会議を受けて1998年に、工場等での省エネルギーの徹底、自動車や電気機器などでの省エネルギーのさらなる推進などを柱とした大幅改正がなされ、1999年4月より施行されている。

改正の主要点としては、省エネルギー基準の設定方法を、現在商品化している製品の中で最も優れた省エネルギー性能商品以上の性能を求める「トップランナー」方式を導入したこと、および対象特定機種をガソリン乗用車、ガソリン貨物車、エアコン、照明器具、電子計算機、磁気ディスク装置、テレビ、複写機、VTR の九種類に加え、ディーゼル乗用

第1章 世界の環境問題

自動車およびディーゼル貨物自動車が追加されたこと，ならびに省エネルギー基準の担保措置として，いままでの勧告に加え，これに従わない場合の公表，命令，罰則が適用されることとなった。この省エネルギー法は，大型ビルにも工場並みに省エネルギー計画の導入が義務化され，2003年4月に施行された。

また，大気汚染防止の観点から，1994年に「環境基本計画」に化学物質の環境リスク対策が盛り込まれ，継続的に摂取されることにより人の健康を損なう虞のある物質で大気汚染の原因となるものが，1996年に「有害大気汚染物質」として「大気汚染防止法」で規定され，最近では，問題となっているダイオキシンなども「有害大気汚染物資」として指定物資に追加された。

さらに，二酸化炭素など温暖化ガス排出の多い企業や自治体に，削減計画の作成・公表を求める「温暖化対策推進法」が1999年4月8日に施行された。これは，先の温暖化防止のための「京都議定書」に基づき，日本が公約した1990年比6％削減を目的としたものである。しかし，2000年度の温暖化ガスの総排出量は13億32百万トンと1990年に比べて8％の増加となっている(2003年6月30日日本経済新聞)。東芝や松下電工などは，既に温暖化ガスの代表格である二酸化炭素の削減計画を発表し，目標も達成している状況である。現在では，上場，店頭公開，非上場有力企業（約660社）の約26％が二酸化炭素の排出抑制目標を設けているとのことである[13]。

この京都議定書については，それを批准するために，政府は2002年3月に「地球温暖化対策推進大綱」を策定し，また「温暖化対策法」の改正を行っている。

(7) 日本の環境白書

これまでの環境庁による環境問題に対する考え方を見てみることとするが，ここ5年の間に，従来の「循環と共生」という理念的なものが，より具体的な行動に訴える責務を強調するものへと変化してきている。

そこでは，経済成長にはエネルギー資源を大量に消費することから，

廃棄の増大が問題になり、また、地球温暖化、オゾン層の破壊、大気汚染や森林破壊、水資源の減少など環境への悪影響が世界的な問題となった。

「その原因は、何億年、何十億年かけて蓄積されてきた化石燃料や資源を短期間のうちに使い、自然生態系の中で分解できる量をはるかに超えた大量の廃棄物を発生させ、環境への負荷を与えていることにある。これを避けるためには、①人間の活動により生じる物質を自然界のなかでうまく循環させ、環境への負荷を少なくすると共に、②自然からの恵みを受けて初めて人間活動を行うことができることを踏まえ、自然界のメカニズムを理解し、自然との共生が図れるよう、人間活動を自然と調和させることが必要である。我々の世代が将来世代の生存権を奪ってしまわないよう、今こそ、経済社会システムを大量生産・大量消費・大量廃棄型から、物質循環を確保し、かつ自然のメカニズムを踏まえ、自然との共生を確保した「循環」と「共生」を基本に据えたものに変えるため行動する必要がある」

と巨大な環境負荷を招く先進国社会の限界を環境白書（平成10年版）は説明している。

今日の環境問題は、国民の日常生活や通常の事業活動から生じる環境負荷があまりにも大きくなっているという問題の指摘から、社会経済のあり方そのものを持続可能なものに変革していく必要があるという意気込みが、2003年6月に発表された「環境白書」において示されている。そこでは、「地域社会から始まる持続可能な社会への変革」をテーマとし、日常生活や地域社会における足元からの自発的な取組が持続可能な社会への変革の第一歩となることが紹介されている。

白書ではまず、地球環境の劣化が、環境・社会・経済の密接な関わりの中で深刻化していることを改めて訴えるとともに、地球規模の環境問題の解決に向け、個人・地域レベルでの足元からの取組が重要であるとされている。また、地域からの取組については、地域資源の的確な把握と主体間の幅広い連携、そして地域が一つの方向性を共有することにより、地域全体としてより良い環境を創っていこうという取組意識や能力つまり『地域環境力』を高められること、および、地域環境力を備えた

第1章　世界の環境問題

取組が環境保全と地域活性化を同時に達成する地域づくりのモデルとしてその他の地域に広がることにより，持続可能な社会への変革につながっていくことが明らかにされている。

持続可能な21世紀のためには，これまでの大量生産，大量消費，大量廃棄の経済システムから，資源循環型で環境負荷の少ない社会に向けて，経済システムを変えていかなければならない。これらの問題に対して，行政は勿論として，企業および一般市民も含め，社会を構成する全ての主体が，環境保全を自らの責務として認識し，お互いに協力して役割を果たすこと，つまり環境問題に対しそれぞれが責任ある行動をとることが求められているのが現在である。

(8)　企業の対応

では従来どちらかというと加害者として見られてきた企業の対応はどうであったかという点を見てみることとする。収益重視の企業活動というものが過去に深刻な公害を発生させ，人々の健康に深刻な影響を与えてきたことは否定できない。しかしながら，かつての公害問題のように，企業だけが悪者であるとの認識では最早問題は解決しないところに至っている。現在の環境破壊の原因は，物質的な豊かさや便利さを追い求めてきた人類そのもののエゴであり，企業だけではなく，政府や消費者も含めた社会の構成員すべてに環境破壊の加害者としての責任があることを認識しなければならないといえる。

かつては加害者として非難された企業も，1960年代の後半から，社会と企業の間の矛盾や対立構造が明らかとなってきてから，企業の社会的責任論が盛んとなり，企業としても消費者を含めた顧客，地域社会，国家，さらには世界との接触や，これらの利害関係者の動向を無視しては企業活動は成立たないという視点が重視されるようになってきていた。

この傾向は，その後の右肩上がりの高度成長という時代で，消費者も含め，大量生産，大量消費ということが求められる時代となり，どちらかというと大量廃棄に対応することに対して十分な考慮が払われないという状態は存在するものの，企業も含めた政府なども環境問題に対する

問題意識は十分に確保されてきたといえる。

　また最近になると，1992年のリオデジャネイロでの「環境と開発に関する国連会議」でもみられるように，自然保護という視点が強く意識されるようになり，省エネルギーに加え，二酸化炭素の排出量削減，製品・製造現場での化学物質管理やリサイクルの推進など環境問題に対する消費者意識の高揚という結果になり，企業としても，環境に対する法規制の厳格化のため，また競争社会での競争力の維持のためにも，環境問題を無視しては生き残れない状況になってきている。

　このような時代を経て21世紀の今では，企業の生残り策というよりは，それ以上に，環境保全に対する貢献度および環境マネージメントへの積極的な取組姿勢によって，企業の社会的評価や競争力が大きく左右されるようになってきている。従来の消極的な対応から，積極的な環境問題に対する対応という時代になっているといえる。

　一方，地球的な環境保護という視点では，環境負荷を考え，それを削減するということが求められるようになってきているということをより強く認識することが重要となっており，この環境負荷の削減のためには，企業による更なる技術革新が求められており，原始時代に戻るならともかく，便利な産業社会に十分浸ってしまった現代においては，人々が便利さを追求する限りにおいては，もはや企業の技術力・技術開発力なくしては環境保全も成り立たない状況に来てしまっている。企業の協力なくしては，地球的な環境問題に対応することもできない時代になっているともいえよう。

　このような状況の中で，企業としては環境問題に対してどの様に取組んでいったら良いのであろうか。なんといっても，まずは経済活動の中心にいる企業自身が変わることが最も重要であるという指摘があるが，環境対応の目標を設定し，その達成のための具体的な行動計画を作成し，実行に移している企業はますます増加しているということがいえる。

　また，京都議定書において温暖化対策の一環として導入が検討されるようになった温暖化ガスの排出権を売買するという排出権取引制度も，英国では2002年から政府と産業界が協力して独自の排出権取引制度が発足しており，EUにおいても，2005年度の取引市場の創設を目指してい

第1章　世界の環境問題

る。日本企業としては，制度的にはまだ確立していないものの，実験的な取り組みが始まっており，社内や企業グループ間において排出権の売買を行うなど既に実施しているところもある。また国際的にも植林の増進や発電事業などで排出権の獲得するために地球温暖化対策事業への投資を加速するなど，積極的な取込に取り組んでいるところが増えてきている。この排出権取引については，第5章および第7章でも説明している。

一方，環境問題は企業にとりマイナスという面だけでなく，この機会を捉え，排気ガスの低減装置の開発，ハイブリッドカーやエコカーの開発，あるいはフロンガスを使用しない製品の開発など温暖化対策のための技術開発や，燃料電池の開発や太陽光発電など新エネルギーへの対応など，また水質浄化装置の開発などの技術的な開発による新たなビジネスチャンスや循環型社会の構築へ向けたリサイクルビジネスなど，新規ビジネスなどのチャンスが広がってきたということもいえる。その意味では新しい分野の開拓ができるという考え方もあり，一方では環境の重視ということからグリーン調達を実施するなど環境創造型企業への変身や環境と経営を両立するなど，現実に国際的な競争力を維持することができるということで，前向きな考え方をする企業も多い。

最近コーポレート・ガバナンスやコンプライアンスがグローバル・スタンダードの一環として話題になっているが，環境問題への対応——環境管理の問題は，今やコンプライアンスの一つというよりは，企業経営の最優先課題に位置づけられ，企業活動の必須条件であると同時に企業の社会的責任として求められる問題となっている（経済団体連合会「経団連地球環境憲章」基本理念(1991年4月)）。最近では，大企業においては環境監査や環境会計を導入し，環境問題への取組みを強調する環境報告書が発表されるようになってきており，環境問題を経営の重大な課題として認識する環境が整いつつある状況である。この点については，本書の第7章で詳しく解説することとしたい。

(1) 寺西俊一「『環境問題と法社会学』へのコメント ── 環境経済学の立場から」(法社会学会シンポジウム，法社会学　第48号　1996, 118頁)。

3 日本における環境問題への関心

（2） 後述9頁。
（3） ローマクラブ「人類の危機」レポート（1972 Universe Books—翻訳ダイヤモンド社）。
（4） 阿部泰隆・淡路剛久「環境法（第二版）」（有斐閣ブックス　1998年，16頁）。
（5） 同上17頁。
（6） 同上33頁。
（7） 足尾鉱毒事件の概略は，前掲「環境法（第二版）」4〜7頁。
（8） 日立煙害事件の概略は，前掲「環境法（第二版）」7〜8頁。
（9） イタイイタイ病事件は，第一審富山地裁1971年6月30日判決，第二審名古屋高裁金沢支部1972年8月9日判決（判時674号25頁）。
　　新潟水俣病事件は，新潟地裁1971年9月29日判決。
　　四日市公害事件は，津地裁四日市支部1972年7月24日判決（判時672号30頁）。
　　熊本水俣病事件は，熊本地裁1973年3月20日判決（判時696号15頁）。
　　これらは，いずれも企業の責任を認めたものである。
（10） 前掲「環境法（第二版）」18頁，277〜284頁。
（11） 最大判昭和56年12月16日（民集35巻10号1369頁）。
（12） 前掲「環境法（第二版）」286〜288頁。
（13） 日本経済新聞1999年4月7日。

第2章

EUの環境問題とは

［河村寛治］

1 EUの環境問題の歴史

(1) 有害廃棄物の越境移動

　1972年のパリ首脳会議以来，環境問題に対して関心が高まっていた欧州において，真剣に環境問題に関心が高まったのはいくつかの環境汚染事故であった。最初といえるものは，1976年の7月におきた北イタリア，セベソでの化学工場の爆発事故であった。このセベソ事故においては，爆発事故によるダイオキシン汚染に関連して，汚染土壌が行方不明になり，これが後にフランスで発見されたことから，有害廃棄物の越境移動が問題になったものである。

　その後，1986年4月のチェルノブイリ原発事故につづき，11月のスイスのバーゼルでのライン川汚染事故が発生したこと，また，先進国で発生した廃棄物が大量に途上国へ輸出され，途上国において環境汚染が生じていることで有害廃棄物の越境移動が世界的な問題となったことなどを踏まえ，環境汚染問題に対処するには一国だけでは不可能であり，国境を超えた広範囲な規模での対応が必要であることが認識されるように

第2章　EUの環境問題とは

なってきていた。

　この有害廃棄物の越境移動の問題は，第1章でも説明したように1989年にバーゼル条約の締結により，その対応がなされるようになってきていると同時に，セベソ事件で問題となったダイオキシンなどの特定の化学物質の問題に関しては，世界的に管理が必要であるとして，PRTR（Pollutant Release and Transfer Register）と呼ばれているように，排出量の把握や報告の義務とともに企業としては化学物質の自主管理が要求されるようになってきている。これは，1992年のリオデジャネイロでの地球サミットで採択された「アジェンダ21」でも，化学物質の製造，輸送，使用，廃棄等を考慮した管理手法（つまりPRTR）が採用されたものである。EUにおける化学物質規制の対応については，第4章で詳細に説明されている。

(2)　環境破壊と環境保護

　一方，酸性雨や大規模な海洋汚染問題などで，地球環境への影響の範囲が拡大し，さらにはオゾン層の破壊や地球温暖化といった地球全体に対して悪影響が及ぶという問題として，先進国では環境保護ということが強く訴えられるようになってきていた。

　このようにEUの環境問題に対する関心は，1972年のパリでの首脳会議において，経済成長は環境保護と両立しなければならないことが認識され，環境保護がEUの目標の一つとして加盟国に受け入れられたことからはじまるともいわれている。この時期は，すでに概括してきたように，世界的にも1972年のストックホルムでの国連人間環境会議で，世界に環境保全を訴えかけた時期でもある。

　このパリ会議では，その後のEUの環境政策の原則が定められたが，そこには「汚染の発生源での防止」および「環境政策に関しての加盟国による協力」なども盛り込まれている。そして，1973年からEUの第一次環境行動計画が発表され，新たな環境行動計画を取決め，環境問題に対して具体的な施策を実行するとともに，今日までの30年の間に分野ごとでの発展の度合いはあるものの，ほぼすべての環境分野に関する法整

備などが行われてきているといえるわけである。
　その意味では，EUは，環境問題に関しては，世界の最先端を走っているともいえる。各加盟国においても，このEUの環境法が模範となり，国内法の整備を進めてきているということからも，EUの環境政策および環境法制の動きをみることは世界の環境問題を考えるにあたっても非常に重要なことであるといえる。

(3)　EU の統合

　1986年には1992年末の市場統合を目指した「単一欧州議定書」(Single European Act) が採択され，環境保護に関する重要な規定が盛り込まれることとなった。というのも，それ以前はEUにおいては環境政策に対する個別の権限が条約上規定されておらず，EU（当時はEC）の環境政策というものは，二つの法的根拠により決定されていたわけである。その一つは，共同体の設立および運営に直接影響を及ぼす加盟国の法令等を調和させるという目的のために規定されたEC条約第100条（旧）であり，これは現在の第94条である。もう一つは，共同体の目的を達成するために，条約には必要な権限が規定されていない場合に適用されるEC条約第235条（旧）であり，現在の第308条である。
　単一欧州議定書の採択により，EC条約に第130 r 条（旧）（現在の第174条），第130 s 条（旧）（現175条），および第130 t 条（旧）（現176条）が追加されることになり，環境政策に関する個別の権限を付与されるようになった。この第130 r 条は，ECの環境政策の目的を定めており，第130 s 条は，環境政策の措置のための法的根拠を規定しており，また，第130 t 条は，加盟国がECの環境政策より，より厳しい措置をとることを認めている規定である。このように，EUの環境政策に対しての法的権限が明確に条約上取り決められたのは，この単一欧州議定書においてが最初であった。
　その後EUの加盟国が拡大し，統合市場としての動きがより活発化してきており，1991年には，欧州連合条約（マーストリヒト条約）が採択され，EC条約が再度改正され，EC条約第130 s 条の規定に従った立法手

第2章 EUの環境問題とは

続について，欧州議会との協議を経て閣僚理事会において，特定多数決で決定することができるように変更され，同時に閣僚理事会の全会一致を必要とする事項が取り決められた。

さらにEU統合が進展してきたこともあり，1997年には，アムステルダム条約により，さらなるEU統合に向けて再度修正されてきた。このアムステルダム条約は1999年に発効し，それまでの特定多数決と全会一致の意思決定の仕組みから，欧州議会との間での共同意思決定の制度を導入することとされたわけである。この欧州議会も含めたEUにおける共同意思決定のシステムについては，第3章において，総括的に説明されている。

このように，この時期以降は，従来は法整備に時間がかかると揶揄された環境問題に関する議論や法整備が活発に行われるようになってきたわけである。ただ，この共同意思決定手続の一つとして，欧州議会が意思決定に参加することにより，欧州議会が拒否権を保有することにより柔軟的な対応が困難となるという問題も一方では発生してきている。

また，欧州では，ヨーロッパ原子力共同体（EURATOM）に見られるように，国境を接するということから，国境を越えた放射能汚染問題に対してEUの設立当初から非常に強い関心があり，条約により国境を越えた汚染問題について，その早期の対応が実践されてきていたため，国際的な問題であるにもかかわらず，汚染対策など国際的な対応の動きも非常に早かったわけである。

EUの環境法の基礎となる「単一欧州議定書」における環境法の根拠や原則，およびアムステルダム条約により導入された環境関連法のEUでの制定手続などについては，後述のとおり第3章に詳細に説明されているので，参考にしていただきたい。

2　EUの環境政策

(1)　EUの環境政策の目標

EUの環境政策を具体的に理解するには，1973年以降30年にわたり提案され，実行に移されてきたEUの環境戦略ともいえる「環境行動計画」がある。この環境行動計画は，EUの環境戦略を方向付けて，EUが環境分野で目指す目標と，目標を達成するための必要な措置を定めている。

この具体的内容は，後述するが，EU全体の環境戦略の必要性が承認されたのは，1972年の首脳会議であり，その後環境保護は，EU域内市場における経済政策と同様の共同体の重要な目標として位置づけられるようになっている。単一欧州議定書において，環境保護に関する重要な規定を条約に初めて導入し，環境保護に関するEUの責任を明確に取決めたわけである。このEUの条約上の環境政策は，以下の四点の目標である。

①　環境の質（良質）の保全，保護および改善
②　人間の健康の保護
③　天然資源の慎重かつ合理的な利用
④　国際的レベルでの地域的または世界的環境問題を処理するための手段の促進

そして条約では，環境政策は四つの基本原則に基づかなければならないと規定している。これは「環境に関する共同体の政策は'予防原則'に基づくとともに，'事前防止の措置がとられるべきとの原則'，ならびに'環境被害はその発生源で優先的に回復され'かつ'汚染者（環境被害の加害者）が被害者の費用を支払うべきとの原則'に基づくべきである」（EU条約174(2)条）という規定である。この四つの原則は別章にて詳細に説明することとするが，その内容の概略は以下のとおりである。

① 予防原則（Precautionary Principle）

この予防原則は，十分な科学的根拠がない場合であっても，特定の状況，製品および物質が環境および人間の健康に重大な損害を与えているような兆候がある場合には，立法措置をとることが適切であるという原則である。

② 事前防止原則（Prevention Principle）

この原則の背景には，発生した被害を事後に除去するよりは，汚染の発生を未然に防止する手段をあらかじめとっておくほうが，通常は費用の負担がすくないというものであり，効率的な環境戦略を可能とするという原則である。

③ 発生源での対応原則（Ratification At Source Principle）

廃棄物は，汚染が広範な地域に広がるのを防止できるということからも，それが発生した場所に最も近いところで処理されるべきだという原則である。

④ 汚染者負担原則（Polluter Pays Principle）

汚染に責任を有するものが，汚染の除去と削減および汚染の未然防止の費用を負担すべきであるという原則である。

以上のような四つの目標とそれを達成するための四つの原則というものに加えて，EU全体の環境政策の実施に関連するものとして，EUの各政策の策定過程において，環境保護の要請が配慮されなければならないとする「統合的政策」の原則と，「持続可能な発展」の原則がある。これらは，1999年5月1日に発効した「アムステルダム条約」による改正によって，EUとしての基本政策の一部として規定されたものである。

欧州共同体の政策と立法は，重要なインパクトを与える分野，たとえば，農業，通称，輸送，原子力などの分野で環境保護の要請が統合されるべきものであるとして，政策策定過程の統合を取決めたものである。

2 EUの環境政策

このアムステルダム条約の署名後，欧州閣僚理事会では，この統合の問題を取り上げ，1998年のカーディフ首脳会議において，農業，輸送，エネルギー，開発，域内市場，産業，財務などすべての関連する理事会が，それぞれが所管する政策分野で環境の統合と持続可能な発展を実現するための戦略を作成することを要請し，その進展を監視することが取決められた（カーディフ・プロセス）。

また，持続可能な発展の促進は共同体の目的の一部として規定され（第2条），経済的，社会的，生態学的に持続可能な発展のための政策を密接に関連させる長期的な戦略案を作成するようにEU委員会に要請しており，EU委員会の内部の作業グループでは，持続可能性に関する最大の課題として，気候変動，公衆衛生，人口問題，貧困と社会的疎外，天然資源に対する圧力，人口移動と土地利用から生じる人口過密と汚染をあげている[1]。

(2) EUの環境戦略——環境行動計画

① 第5次環境行動計画

1973年から導入されたEUの環境行動計画は，EUの環境政策の重要なガイドラインとなっている。この環境行動計画は，EUが目指す目標とその目標達成のために必要とされる措置を定めたものであり，第5次までの環境行動計画が実施されてきたわけである。

この五番目である第5次環境行動計画は，1993年から2000年の期間における行動計画であるが，特に「環境に配慮した持続性のある経済成長」と題されたものであり，環境問題に関して，新しい測定基準をとりいれたり，環境問題を他の政策に反映するための義務などを取決めたものである。この成果は，2000年5月に発表された包括的報告書「グローバル・アセスメント」で説明されているが，第6次環境行動計画（2001～2010年）の戦略的視点を示し，EUにおける「持続可能な開発」の方針の要点となる環境目標や優先事項などが設定されている。

この「グローバル・アセスメント」報告書は，一部の地域で汚染状況の改善が進んでも，全体として改善がなされないかぎり，環境は悪化し

第2章　EUの環境問題とは

続けると警告をしている。特に，以下の点が強調されている。
- 加盟国において環境問題に関する法制化がより一層進められること
- 環境問題を経済政策や社会政策に組込み，環境問題への取組を強化すること
- 利害関係者や市民が環境保護について，より高い意識を持ち，努力すること

②　第6次環境行動計画

　第6次環境行動計画（6th Environment Action Programme）は，2001年にその原案が発表されたが[2]，欧州議会の環境委員会では大幅な修正がなされ，最終的に欧州議会および閣僚理事会で承認が得られたのは2002年の7月となった。

　この第6次環境行動計画は，「環境2010：我々の未来，我々の選択」（Environment 2010 : Our Future, Our Choice）と題され，2001年から2010年の10年間におけるEUの主要な環境政策とその目的および対策の詳細を明らかにしたものである。この環境行動計画においては，気候変動，自然と生物多様性，環境と健康，天然資源と廃棄物の4つの分野が優先分野として取り上げられており，以下のような5つの対策が打ち出されている。

　これは，より効果的な施策および革新的な解決策の必要性を強調したもので，法規制がより効果的に適用されることを求めているものである。
- 既存の環境関連法の確実な実施
- すべての関連分野における環境への配慮と統合
- 企業や消費者との密接な協力
- 適切かつ入手可能な環境情報の市民への提供
- 土地利用に関して，より環境を意識した姿勢の育成

③　四つの優先分野

　第6次環境行動計画における四つの優先分野とその目標は以下の通りである。

(ⅰ) 気候変動
― 地球温暖化の原因となる二酸化炭素（CO2）を含む温室効果ガスの排出量をEU全体で2008～2012年までに1990年時点の排出量より8％削減するという内容の京都議定書を批准し，実行することとされていたが，それを,EUとしては，長期的に70％，2020年までに20-40％削減することを目指すこととした。

　エネルギー部門では，2010年までに発電の12％を再生可能なエネルギー源のものとすることを目標とし，産業部門でも，エネルギー効率に関する環境行動計画で予測されてい毎年最低1％のエネルギー効率の改善を目指すこととされている。

(ⅱ) 自然と生物多様性
― 2010年までに生物多様性の衰退を止める。
― 有害な汚染から自然と生物多様性の保護・回復に努める。後述のセベソⅡ指令の見直しも含まれている。
― 海洋環境，海岸・湿地帯の保全・回復および維持可能な利用に努める。
― 動植物種・生息地の保護に努める。
― 維持可能な土壌の利用に努め，環境に過大な負担を与える土地利用のあり方等の見直しを実施する。
― 貴重な自然の環境保護を目的としたNatura 2000ネットワーク・プログラムを実施する。
　＊　このNatura 2000ネットワーク・プログラムとは，EU域内の自然生息地，野生動植物の保護による生物多様性を維持するプログラム（EU指令07/62/EC）の呼称である。

(ⅲ) 環境と健康・生活の質
― 環境問題が人間の健康に影響を及ぼしているという認識が高まるなかで，特に子供や高齢者への影響を考慮に入れた包括的な環境と健康への取組みが必要とされる。
― 既存の法規制の実施および各分野におけるより一層の対策が必要

- である。
- 化学物質の環境と人間の健康への影響を考慮し，化学物質が健康と環境に重大な悪影響を及ぼさないような方法で製造・使用されることを2020年までに達成する。
- そのために，化学物質の特性や使用方法，廃棄方法，あるいは化学物質の露出に対する知識の欠如を改善する。危険な化学物質は，より安全な化学物質か化学物質を使わない安全な代替技術への転換を進める。
- 殺虫剤など，効果持続性の高いものや蓄積されるもの，毒性のものなどは，可能な限りより危険性の低い物質に代替する。
- 表土と水面の質が，健康と環境に重大な悪影響や危険を及ぼさないものとし，長期的に見て維持可能なものとする。
- 大気質が，健康と環境に重大な悪影響や危険を及ぼさないものにする。
- 騒音レベルに常に影響を受ける人々の数を大幅に減らし，騒音に関するEU指令制定の準備に着手する。

(ⅳ) 天然資源と廃棄物
- 天然資源の消費とそれによる影響が環境の持つ適応力を超えないものとし，また経済成長と資源利用の関係を絶つ。再生可能エネルギーからの電力発電を増やし，目安として2010年までに発電の22％を再生可能エネルギーによるものとすることを目標とする。
- 廃棄物削減イニシアチブ，資源効率向上，維持可能な生産・消費パターンへのシフトを通し，大幅な廃棄物量削減を達成する。
- 廃棄物処理場へ送られる廃棄物の量と，空気・水・土壌へ排出される有害廃棄物の量を大幅に削減する。最終処分される廃棄物の量を2010年までに20％削減，2050年までに50％削減し，有害廃棄物を2010年までに20％，2020年までに50％削減することを目指すとともに，廃棄物の発生予防，有害物質使用の代替を重視し，鉱業廃棄物等，問題の大きい廃棄物の流れを特定することを提案している。

－　再使用を促進し，排出される廃棄物はその危険性を可能な限り低下させるが，製品中からの部品等の回収とリサイクルに重点を置き，廃棄を最小化する。
　－　土壌，水，空気，森林など再生可能な資源の利用では，環境保全を確実にするため，税制あるいは報奨金などの規定を強化することが必要である。
　－　リサイクルおよび廃棄物の回収を促進するには，より厳しい基準が必要である。

さらに欧州委員会は，これらの目標を達成するため，現行規制の施行状況の改善，環境問題の他の政策課題への統合，市民参加の強化，市場原理の利用，土地利用計画，政策決定プロセスの改善，といった方策も提示している。

この第6次環境行動計画に関し，欧州委員会は，これ自体に法的拘束力を持たせるというよりは，今後10年間のEUに於ける環境規制の大要を「ガイドライン」として提示するものとし，具体的な数値目標やタイムテーブル等については，気候変動や廃棄物管理を除き，必要な数量化された目標とスケジュールが明示されておらず，今後の個々の環境規制指令案等の議論の中で設定していくことを提案している。これは，今後10年間に取り組むべき課題の大きさと緊急性を明確にするということが重要視された結果であるといえる。

(3) その他のEUの環境政策および指令

以上のほかに，EU主導の環境政策としてあげられるものに，「統合的汚染防止管理指令」(Directive on the Integrated Pollution Prevention and Control：IPPC指令[3])「環境影響アセスメント指令」(Directive on the Environmental Impact Assessment：EIA指令[4])，「化学事故にかかわるセベソII指令」(Council Directive on the Major-Accident Hazards of Certain Industrial Activities：Seveso指令)[5]，そして「環境管理・監査スキーム」(Eco-Management and Audit Scheme Regulation：EMAS規則[6])がある。これらの指令は，環境汚染管理とリスクマネジメントの視点から，産業

第2章　EUの環境問題とは

分野で最も重要な四大柱とされているものである。

① IPPC指令

これは，産業汚染を根源から管理するための指令であり，EU域内におけるさまざまな汚染源からの汚染を最小限とすることを目的として，事業の操業許認可制度を設けたものである。

この事業の操業許認可制度は，新規あるいは既存の設備における産業活動による環境への影響に焦点を当てたものであり，1999年10月以降，一定の産業活動につき全ての新規設備および大幅な変更を行う予定の既存設備に適用されている。これ以外の既存設備については2007年10月まで移行猶予期間が与えられている。ただし，猶予期間の終了時には，同指令による操業許認可を必要とすることになる予定である。また，継続的な監査および許認可条件の更改の対象になる。

IPPCの操業許認可には「利用可能な最善のテクニック（Best Available Technique：BAT）」を基にした排出基準および操業条件が規定されることになり，そのためにEU加盟国間や同指令の適用される産業間でBATの情報交換を行うことが求められている。また，EU委員会内に設けられたEIPPCB（European Integrated Pollution Prevention and Control Bureau）が軸となって，BAT参照文書（Best Available Techniques Reference Documents：BREF）の作成・公開が行われている。

このBREFは，EU加盟国政府が企業に対して操業許認可条件を設定する際の基準として考慮することを求められるもので，企業が直接的に準拠することを法的に求められるものではないが，EU委員会環境総局ならびにEU加盟国，EFTA加盟国，EU新規加盟予定国，産業界，環境NGOから成る情報交換フォーラム（Information Exchange Forum：IEF）の合意を得たアウトラインおよびガイドラインに沿って作成されているので参考となるものであるといえる。

② EIA指令

EUにおける環境影響アセスメント制度は，特定の公共および民間事業の環境影響アセスメントに関するEIA指令に基づいている。これは

「対症療法よりも未然防止に重点を置く」というEU環境政策の基本方針に基づくものである。事業認可の前に当該事業の環境への影響を特定して評価を行う環境影響アセスメントの手順を定めており，一般市民および環境関連機関との協議など，あらゆる評価結果が事業の認可手続きで考慮されることになる。

その対象は，建設工事や設備などの計画について企業から公共事業まで広範囲な活動に適用される。さらに，IPPC指令による許認可の対象となる事業にとっては，EIAのために収集された情報がIPPC認可を得るためにも重要なものとなる。

さらに，2001年7月には，EUは「戦略的環境影響アセスメント指令」(Directive for Strategic Environmental Assessment : SEA指令[7])を制定し，加盟国政府は2004年7月21日までに同指令を国内法として整備することが求められている。このSEA指令は，政策，計画，プログラムに対する戦略的環境影響アセスメントで，従来からの事業を対象とした環境影響アセスメント（EIA）と並んで環境への重大な影響を特定し評価したうえで，意思決定過程に一般市民の意見を組み入れる仕組みを定めている。

対象となるのは，公共の都市・農村計画や土地利用，交通，エネルギー，廃棄物，水，産業（鉱物抽出を含む），電気通信，観光事業などの戦略的な計画やプログラム，および特定の輸送インフラ計画やプログラムなどである。

③ セベソⅡ指令

このいわゆる「セベソ指令」は1982年に制定されたEU指令の通称で，正式には「一定の産業活動に伴う重大事故の危険性に関するEU指令」[8]と呼ばれる。これは，1976年にイタリアのセベソで発生したダイオキシン汚染事故を機に制定されたものである。

1986年にはスイスのバーゼルで起きた火災事故により，水銀や有機リン系殺虫剤などの化学物質によりライン川が大規模に汚染され50万匹の魚が死ぬという事故を受け，セベソ指令は1987年[9]と1988年[10]の2度にわたり改正が行われた。これらの改正は，危険物質の保管に関する規約など指令の範囲を拡大することを目的とした。

このセベソ指令は，1996年12月9日に，「重大事故の危険性の管理に関する EU 指令」(Directive on the Control of Major-Accident Hazards：いわゆるセベソⅡ指令[11]) が採択され，改正されたわけである。セベソⅡ指令の目的は，危険物質による大規模災害を予防するとともに，災害が発生した際の人間および環境への危害を最小限に食い止めることにある。このため，同指令では化学物質の製造および保管について管理実施内容を規定し，安全管理システムの確立，工場施設の建設や変更の規制，監査システムなどを定めている。

　加盟国は，このセベソⅡ指令を国内法として整備するまでに，2年間の猶予が与えられ，1999年2月3日より，企業だけでなく指令の実行と施行に責任を持つ加盟各国の関連公的機関の義務をも規定したものとなっている。

④ EMAS 規則

　この「環境管理・監査スキーム規則」は，1993年に EU 理事会で採択されたものである。従来のように法規制に基づいて規制当局が管理するという対策だけでは環境保護にも限界があり，費用対効果の観点からも適切ではないという課題に取り組んだことから生まれたものである。EMAS は，1995年4月から工場などの施設ごとに登録・取得が始まったが，1998年に改定案が提出され，2001年4月に発効した「新 EMAS 規則」[12]では，対象が企業だけではなく地方公共団体を含むすべての組織に拡大され，企業や地方公共団体が株主や一般社会に提供する環境実績に関する情報の透明性を向上させることが図られている。この EMAS 規則は，各企業や組織が自発的に環境政策を導入することを推進しようというものである。

　EMAS 制度に登録しようとする企業は，環境プログラムと環境管理システムを確立しなければならないが，その場合に達成すべきことは環境法規の遵守，汚染防止対策，環境実績の継続的向上が対象となっている。その上定期的に環境報告書を公表しなければならないことになっている。環境報告書を公表する前には，加盟国内で組織されている環境監査機関からの検証を受けることが必要とされ，その監査も最低でも3年に1回と定められており，環境報告書の公表も最低でも1年に1回と定められ

2 EUの環境政策

ている。

環境報告書で公表すべき基本的な内容は次のようになっている。
- 施設の活動についての詳細
- 環境対策と施設の環境プログラム・環境管理システム
- 環境問題に関する査定
- 排気，排出，廃棄物，原材料の消費，エネルギーと水資源の利用，騒音の各事項に関する説明
- 次回の環境報告書の公表時期
- 依頼している環境監査機関の名称

「新EMAS規則」では，同制度に参加し環境報告書の検証を受けた事業者は，右のようなEMASのロゴを使用することが認められている。これは，検証済みの環境報告書や企業のレターヘッド，企業がEMASに参加している旨を広告する情報，企業の製品・サービス・活動などに対する広告に掲載することができることとなっており，環境保護に力を入れている企業であることを強調するために利用できるものである。ただし，製品や製品パッケージに対して，直接ロゴを使用したり，他社製品との比較を行うために使用することはできないこととされている。

一部の加盟国ではEMAS登録企業に対してインセンティブを与え，取得の奨励につながる措置が導入されているようであるが，環境報告書への一般人の興味の薄さやEMASロゴの認知度の低さ，登録コストの高さなどの点で，必ずしもすべての企業や組織で利用されているわけではないようである。EU委員会では取得企業に対する優遇策のガイドラインを作成しており，減税や監査頻度の低減，認可所要期間の短縮などの緩和が提案されているが，企業にとってより競争上の優位性をもたらすような奨励策が必要とされている。

第 2 章 EU の環境問題とは

(1) Consultation Paper for the preparation of a European Union Strategy for Sustainable Development, SEC (2001) 57
(2) The Sixth Environment Action Programme of the European Community 2001–2010, Brussels, COM (2001) 31, 25 January 2001
(http://europa.eu.int/comm/environment/newprg/index.htm)
(3) (96/61/EC)
(4) (85/337/EEC)
(5) (82/501/EEC)
(6) Regulation (EEC) No. 1836/93 (29 June 1993)
(7) (2001/42/EC)
(8) (OJ No L 230 of 5 August 1982)
(9) Directive 87/216/EEC of 19 March 1987 (OJ No L 85 of 28 March 1987)
(10) Directive 88/610/EEC of 24 November 1988 (OJ No L 336 of 7 December 1988)
(11) (96/82/EC, OJ No L 10 of 14 January 1997)
(12) (2001/761/EC)

第3章

EUの環境法

[三浦哲男]

1 EU環境法の歴史と法源

(1) EC条約の歴史

　EC条約の歴史は，大袈裟に言えば，戦争への反省と経済復興の実践ともいえる。西欧6カ国でスタートした条約は，再び欧州内部での戦争を繰り返さない仕組みと，米国に奪われた経済的主導権に如何に対抗して行くかを主眼にしたものだった[1]。その初期段階においては，経済的復興の"陰の部分"とも言える環境問題に認識が低かったのではなく，配慮する余裕がなかったというのが実情であった。

　つまり，EUの環境法制は，EUレベルではなく加盟各国の場において進められてきたと言える。この状況に大きな変化が見られたのは，欧州全体の環境に影響を与えた，相次ぐ大規模な事故であった。しかも，これらの事故は，多数の加盟国に影響をもたらすものであり，場合によれば，加盟国間の利害の調整が求められるものであった。特に，1986年のチェルノブイリ原発事故とスイス（バーゼル）でのライン川汚染事故は，多国間協力および調整の必要性を告げるものでもあった。

(2) EU 環境法の基本法制

　EU 環境法の基本法制としては，1985年の単一欧州議定書が事実上の出発点となった。同協定書による EC 条約の修正により 3 つの条文（アムステルダム条約による改定により，各々，現行の EC 条約174条，175条および176条となる）が盛り込まれた。これらの条文は，〈1〉環境の質の保全，保護および改善，〈2〉健康の保護，〈3〉資源の合理的な利用，〈4〉地域的または世界的環境問題を処理する手段の促進等の目標を規定するだけではなく，予防原則（Pre-cautional Principle），汚染者負担の原則（The Polluter Pays Principle）等の重要な考えを導入していた。その後，マーストリヒト条約は，条約条文の変更こそなかったものの，環境政策の実行としての一般行動計画につき，従来の全加盟国の承認に変わり，加盟国の過半数の承認により発動できることとされた。

　EU 法の基本法制を構成するのものは，言うまでもなく EC 条約本文であるが，二次的法制も環境法上，重要な意味をもっている。具体的には，1967年の化学物質の分類，包装及び表示に関する指令[2]等がある。この指令は，現在，最も重要な法案になるものとみられる化学物質規制法に連なる最初の法律である。

　その他，水質汚染を基本ターゲットとする環境法制のガイドラインを構成する環境行動計画（Environmental Action Program）が，1970年代初頭に制定されている。この行動計画は，個々の法律の制定にとり一般的なガイドラインとなるものである。1975年から1987年の間に，第 2 および第 3 の環境行動計画が承認された。現在の環境行動計画は，2001年からの第 6 次環境行動計画である。

　2000年時点で，500を超える二次的法規が成立していることは環境法の法源として驚くべきことと言える。とくに21世紀に入り，EU の環境政策の根幹となるべき重要な法制が続々と誕生または法制化の過程にある。以下に，その概容を列挙してみたい。

(3) EU 環境法の二次的法制

〔1〕 画期的な WEEE（電気・電子機器廃棄物に関する指令）および RoHS（電気・電子機器に対する有害物質の使用制限に関する指令）の成立

EU 閣僚理事会と欧州議会内の激しい論争のすえ，2003年2月13日に成立した。最初の廃棄物規制に関連する指令が成立してから実に17年目にして，電気電子機器の分野ではあるが，包括的な廃棄物法制ができることになる。同様に1991年の指令[3]に端を発する有害物質の規制法も同分野で包括法制として法制化することになった。尚，上記2つの指令の内容については第4章にて説明する。

〔2〕 包括的な化学物質規制に対する法制

上述した1967年の化学物質の包装，分類及び表示に関する指令を出発点として，以後，数度の指令[4]を経て，2001年1月欧州委員会は"将来の化学政策の為の戦略"と題する白書を発表，一連の化学物質規制策を集約する法制化に乗り出している。この数年内に包括的な法制が登場する。尚，本件についても第4章にて説明する。

〔3〕 環境責任に対する包括法制の確立

後述する様に，1993年に欧州委員会が発表した"グリーン・ペーパー"が出発点となり，同委員会は，2001年7月，環境責任法案の骨子となる Working Paper を関係者に回付し，2002年に2002年提案という形で EU 環境責任指令案が提案されている。これについては，第6章で説明するが，2003年6月13日に，重要な事項について政治的な合意に達しており，第二読会へ回付されている状況である。

以上のように，環境法制の根幹をなす分野に於いて，重要な二次的法制が EU 環境法の法源として登場しつつある。

2 EU環境法の目的と原則

(1) EU環境法の目的

環境保護に関する欧州共同体の中心となる目的は，EC条約の諸々の条文に規定されている。それらは，当然にEU環境法の基本法制に属するものである。例えば，EC条約第2条は，欧州共同体の全ての主要原則を謳っているが，環境の保護についての原則も含んでいる。

具体的には，"(欧州共同体は，その課題として)——共同体を通じて調和のとれ，均衡し，且つ持続的な経済活動の発展および持続的且つインフレーションのない成長，並びに，高いレベルの環境の保護および環境の質の改善を促進すること"と規定している。これらの主要な原則は，EC条約174(1)条に規定される，より詳細な環境政策の目標と結合しているとともに，EUの環境政策が，共同体の他の政策と連結していることを謳っている同条約6条とも結びついている。

(2) 四つの原則

第6条は，"環境保護の要請は，EC条約第3条に謳われている欧州共同体の政策と活動の定義および履行に，特に，持続的発展を推進するという見地から，統合されなければならない"と規定し，更に，EC条約174(2)条は，環境政策は，4つの特定の原則に基づかなければならないとしている。即ち，後述する"予防原則"および"事前防止原則"にもとづくとともに，環境被害は，その発生源で，優先的に回復され ("発生源での対応原則")，更には，汚染者 (環境損害の加害者) が，被害の費用を支払うべきとの"汚染者負担の原則"である。以下にこれらの原則を説明する。

① 予防原則

"予防原則"は，環境政策として最も議論のある原則である。この原

則は，十分な科学的根拠がない場合であっても，特定の状況，製品および物質が環境および人間の健康に重大な損害を与えているという重要な兆候がある場合には，立法措置をとることが適切であるということを意味している。

しかし，ある化学物質が，危険なものと疑われているが，まだ十分な(リスク) 評価が為されていない場合に，この原則が適用されるのかが議論となっている。例えば，プラステックを軟化させる物質であるPhthalatesは，赤ちゃんに非常に大きな危害を与えるものと疑われているが，同物質に対する包括的なリスク評価はまだ終了していない。それにもかかわらず，この結果を待たず，赤ちゃんが口に入れてしまう恐れがあるとして，玩具に使用されている特定種類のPhthalatesは，使用禁止とされてきた。この措置は，同物資の製造業者側による長年の抵抗に拘わらずNGOの圧力より採択されたものである[5]。

② 事前防止原則

この原則は，発生した被害を事後に除去するよりも，事前に汚染の発生を防止する手段を予めとっておく方が，通常は費用がかからないという考えにもとづくものである。この原則は，"予防原則"と不可分に結びついている。この原則が，"予防原則"と分離して，単独で，どういう場面とタイミングで援用されるべきかという点については，EU環境法制上明確ではない。

この点につき，欧州裁判所は，その判決のなかで，上述した2つの原則は，ほとんど交互に使用されるべきとの判断を示している[6]。一方，狂牛病への取り組みにあたり，同裁判所は，"事前防止原則"に基づき，決定的な証拠なくしても対策をとることは可能であるとも述べている[7]。

③ 汚染者負担の原則

汚染者が，被害の費用を支払うべきとの汚染者負担の原則を打ち出す立法措置が増えてきている。特定の廃棄物処理を取り扱う法律は，製造業者に，被害の費用の全部又は大部分を負担させる根拠をこの原則に

依っている。例えば，最近採択された自動車のスクラップに関する指令 [8]，包装材廃棄物の指令および電気電子製品の廃棄物に関する指令（"WEEE"）にこの原則が取り込まれている。

この原則には，批判がある。その理由として，汚染の除去または発生した被害のコスト負担につき汚染源（または発生源）である製品の使用者がどの程度関与すべきかにつき明確になっていないからである。言い換えれば，誰が主要な汚染者なのか，すなわち，使用者であるのか，または製造者であるのかがはっきりしない場合が多い。更に，汚染の拡散が起こる場合，個々の汚染者を特定することは通常困難である。例えば，気候変動により汚染が起きた場合については，どの汚染者が，支払うべきであろうか。例えば，酸性化現象や空気汚染は，誰がコストを負担すべきであろうか。環境当局もしばしば，拡散型の汚染については費用請求をおこなっていない（最終的には，当局が，すなわち究極的には納税者が負担せざるを得ない）。それゆえ，この原則は，厳格に適用されているとはいえない状況である。

④ 発生源での対応の原則

この原則は，ある地域の行政当局が他地域からの廃棄物の輸入を禁止した事件において，欧州裁判所が，引用したものである[9]。この中で，同裁判所は，廃棄物の処理は，それが発生した場所にできるだけ近い所でおこなわれるべきであると述べている。しかしながら，廃棄物の処理以外の分野で，この原則を適切に履行することはかなり難しい。例えば，現在の欧州の法律では，乗用車のエンジンがある種の汚染物質を排出することを認容しており，この場合，排気をきれいにする触媒コンバーターを設置することを要求しているだけである。もし，この原則を厳格に適用するのであれば，エンジンは，汚染物質を全く排出しない様に設計しなければならないことになる。

(3) 補充性の原則

EU環境法を議論するうえで，EC条約上の極めて重要な原則，すなわ

ち，"補充性の原則"にも触れておかねばならない。補充性の原則は，EU法制が専属の権限を有していない領域で，仮に各加盟国が個別に活動するのであれば，同法制の目的および目標を適切に達成することができない場合に適用されるものである。言い換えれば，EU規模での共通の措置は，それらを各加盟国レベルでの措置と比較したとき，明らかに付加的恩恵を与える場合だけに実施すべきであるという考え方である。補充性の原則は，EC条約第5条に規定されている。

　この原則は，勿論すべてのEU法制に適用される普遍的な原則ではあるが，とくに，環境問題を取り扱う措置に適用されてきた。現に，1985年の単一欧州議定書により盛り込まれた補充性の原則の適用分野は，当初は環境問題に限定されていたほどである。例えば，国境を超える汚染問題を取り扱うにあたり，ある国が，厳しい措置をとることを決めたのに対し，他の国が，何の措置を採らないような場合である。このことは，厳しい措置に多額の出費をする国が，何の措置も採らない隣国に便宜を与えるという不公平な結果を生み出すことになるからである。

3　EU環境法と各国環境法との関係

(1)　EC条約上の法的根拠（175条＆95条）

　環境法制の形成をめぐるEUと各加盟国との関係は，微妙なものがある。1985年の単一欧州議定書は，両者の権限の行使につき，上に述べてきた"補充性の原則"といわれる重要な原理を確立し，以後のEUと各加盟国間の関係に指針を与えてきた。とくに，この原則は，当初，環境法を巡る両者の調整に使われたのである。上述したように，従来，この原則は，特定の施策を実施するにあたり，各加盟国が実施するより，EU自体が取り組んだ方が効果的である場合に限って，EUの施策を採用するというものであった。

　この抽象的な原則は，アムステルダム条約により，より具体的な規定となった。即ち，

第3章 EUの環境法

① 1つの加盟国が取り扱うことが困難な事項に関するものであること,
② 仮に,特定の加盟国で実施することは可能であっても,EUが全体として取り扱うほうが効果的とみられる事項であること,
③ EUが実施に参加することが,特定対象国に利益をもたらす事項であること。

この様な事項への対処は,特定の加盟国にまかせるのではなく,EU自体が取り扱うべき事項であることが確認されたのである。

さて,上述した様にEU自身が,環境法制の主役として役割を担うとしても,各加盟国も,各国内の環境法制を立法化し,実施している。そこで,問題は,EU法制は各加盟国の国内環境法の"外枠"を構成することになるのか,又は,各加盟国は,EU法制に束縛されず,その裁量により,一層厳格な環境政策をとりいれることができるのかという点である。

EC条約第95条は,単一,且つ一体の欧州市場の創設に関する条項であり,各加盟国が,国内法上でEU法制から逸脱する規定を維持することができる条件を定めている。これはEC条約第5条に掲げられている原則で,EU規模での共通の措置は,個別の加盟国のレベルでの措置に比較し明らかに付加的な恩恵がある場合にのみ採られるべきであるというものである。重要なことは,仮に,加盟国が,EU法制と異なる規定を有する場合には,その実施にあたり,欧州委員会の承認を必要としている点である。

このことは,各加盟国が,事実上,EU法制から逸脱する規則等を規定することを不可能にしている。第4章で説明するRoHSは,その法的根拠をEC条約第95条に依っているが,その意味は,RoHSの規定が,事実上,加盟国全体を拘束し,且つ上限を隔する規定であるということである。

EU環境法制のもうひとつ重要な法的根拠に同条約第175条がある。後述するWEEEは,同条を法的根拠としている。この規定は,環境の保護をEUの重要な目的と政策であることを謳うものである。したがって,

各加盟国は，環境保護の目的を達成する為には，EU法制よりも厳格な施策を採用することができることとなる。言い換えれば，175条の目的（環境の保護の推進）にあわせ，具体的な施策を各国の権限において，より自由な裁量で，国内法により履行できることを意味している。

(2) EU加盟国における既存の国内法制の取り扱い

上記(1)で，EUと各加盟国の法制について検討してきた。とくに，EUの法制（指令の形をとる）が，EC条約第95条を法的根拠とする場合，各加盟国にとって事実上，上限を隔するものとなり，各加盟国の法制の実施にとり裁量の余地はほとんどない。仮に，ある加盟国が，新たに導入されたEU法制より厳格な国内法の規定を既に有している場合，その取り扱いは，下記2つの態様にならざるを得ないことになる。

① EU法制が同条約第95条を根拠とする場合，関連する国内法規の実施には，欧州委員会の明確な承認が必要とされる。言い換えれば，上記承認が得られない場合，当該国内法制の変更が避けられない。

② 既に，より厳格な国内法制を導入している加盟国が，国内法制を変更することを望まない場合は，新たに導入されるEU法制をEC条約第175条を根拠とするように閣僚理事会，欧州議会並びに代表または議員を送りこんでいる他加盟国に働きかける必要がある。

4 環境法制の構造

EU環境法を構成する法律体系について説明していきたい。環境法制も，当然のことながら一般のEU法制と異なる点はない。すなわち，指令（Directive），規則（Regulation）および決定（Decision）の3種類の法律

第3章 EUの環境法

文書で構成されている（EC条約第249条）。具体的には，指令（Directive）は，EU環境法制上，通常最も使用される法律形態である。

指令は，その目的を達成するために各加盟国に対して発布され，加盟国を拘束するものである。すなわち，指令は各加盟国に対して向けられるものであり，要求される目的をどのように達成するかについては，各加盟国に一任されている。すなわち，指令の内容は，各加盟国の国内法を通して実施されることになる。

もし，この履行が，不十分な場合，又は，履行の結果が不十分と考えられる場合，欧州委員会は，後段の6(4)で説明するように，EU法に違反するものとして，欧州裁判所において，当該加盟国に対する侵害手続きを開始することができることになる。

一方，規則（Regulation）は，各加盟国に直接に発布され，拘束性を持つものである。その意味で，各加盟国の国内法に優先して適用されることになる。また決定（Decision）は，拘束性という面では，規則と同じであるが，当該決定が対象とする特定個人または団体に対してのみ拘束性を持つものとなる。

5　環境法制の制定手続——共同決定手続

EU環境法はどのような過程で法制化されるのであろうか。法案は全て欧州委員会により起草されるが，決定権は後述する閣僚理事会と欧州議会が握っている。アムステルダム条約発効後，EU環境法の法制化については，通常，閣僚理事会と欧州議会による共同決定手続きといわれる議決方式が採用された。EC条約251条による共同決定手続きには，3回にわたる読会手続き（reading）がある。

立法措置の提案は，欧州委員会により行われ，欧州議会および理事会に送付される。同議会は，欧州委員会の提案を修正し，その後，もし，閣僚理事会が，同議会の修正案を承認することができない場合，理事会は"共通の立場（Common Position）"と呼ばれる提案を採択できる。この過程が，第一読会（first reading）である。第一読会の終了には，時間

的制約はない。第二読会は，欧州議会が，共通の立場を検討することから開始される。同議会は，通常，理事会が採用しなかった第一読会の修正案を再度上程する。閣僚理事会が，欧州議会の第二読会の修正案に同意しない場合，両者による調停委員会が開催される。この委員会で，両者の代表により，理事会および欧州議会両方に受入れ可能な妥協案を見出す作業が行われる。第二読会の過程では，理事会および欧州議会両者は4ヶ月以内に妥協を成立させる必要がある。

　具体的には，妥協案の合意に，2ヶ月の時間的制約があり，もし，妥協案がこの期間内に成立すれば，当該妥協案は，両者で公式に採択することが求められる（2ヶ月以内の採択が求められる）。この過程が，第三読会 (third reading) である。もし，妥協案が成立せず，又は，理事会又は欧州議会で拒絶された場合，欧州委員会による立法措置の提案は，廃案となる。

6　EU環境法の制定過程に誰（どういう機関）が関与するのか

　上述したようにEU環境法の法制化には，3つの主要機関がその意思決定過程に関わっている。即ち，欧州委員会，閣僚理事会および欧州議会である。これらの機関は，どのように構成され，運用されているのであろうか。また，これらの機関以外にどのような利害関係者が意思決定過程に関与しているのかをみていきたい。更に，EU環境法についての訴訟はどのように取り扱われるのかについても触れてみたい。

(1)　欧州委員会

　欧州委員会は，EUの新規の立法措置を提案できる唯一の機関である。同委員会は，ある特定の問題を取り上げるかどうか検討した上で，立法措置をとることが必要か否か，適切かどうか，又，EC条約の規定および原則に反していないか等を決定する。委員会提案の法案の決定を行うまでの情報の収集，利害関係者や各国当局との折衝等に通常数年を要して

第3章　EUの環境法

いる。

　言い換えれば，欧州委員会は，EUの意思決定過程の重要な第一歩への鍵を握っているということである。仮に，同委員会が，立法措置の提案をしなければ，EUの立法措置が為される可能性は，原則上ないということである。また，欧州議会は，EC条約第192(2)条に基づき，欧州委員会に対して立法措置の提案を提出するよう要求することができる。

　しかしながら。欧州委員会の解釈は，現在まで，同議会の要求を積極的にとりあげるかどうかは，欧州委員会の裁量によるものとしてきた。ひとつの例として，同委員会は，欧州議会より，欧州環境責任法制の提案を提出するよう1994年に要求されたが，2002年初頭になるまでは，指令案の提案を行わなかった。

　欧州委員会の鍵を握る最も重要な官僚は20人のコミッショナー（委員）である。彼等は，通常，出身国政府より5年の任期で任命される。しかし，その任命は，欧州議会により承認される必要がある。欧州議会は，20人の委員候補の任命について一括拒否はできるが，個々の委員候補を拒否することはできない。環境政策を担当する部局は，環境総局（DG Environment）である。欧州委員会は，20以上の総局（DG）と呼ばれる部局により構成されているが，環境総局以外のDGも，環境政策の形成に役割を担っている。例えば，企業総局（DG Enterprize）は，ビジネスの成長と環境問題との調整を促し，必要に応じ，企業に責任と負担を求める環境総局と折衝を行うことになる。

　また，企業総局は，有害な物質の取り扱いやその対策の一連の立法に主要な役割を果たしている。その他，同局は，自動車(乗用車から重量級のトラック／バス)の技術水準を決定する上で重要な規制を担当している。この技術水準には，排気物質の制限（最大値）に関する厳格な規定が含まれている。企業総局以外では，農業総局および交通エネルギー総局が各々の分野で一定の役割を担っている。欧州委員会の役割は，広範であり，現存する立法措置の特定の任務を履行する権限と責任があたえられている。その権限として，同委員会は，通常の行政又は管理者として行動する。例えば，技術問題を検証し，詳細な技術規定を討議するのは，同委員会である。

(2) 欧州議会

　環境法制の作成と採択に関する欧州議会の権限は，1999年発効のアムステルダム条約により共同決定手続きが導入されるまでは，限定されていた。それ以前は，EUの予算承認の過程（予算の承認は議会の役割）で政治的圧力をかけるだけであった。

　欧州議会議員の大部分は，中道右派の立場をとる欧州人民党（EPP）と中道左派の欧州社会党（PES）の２つの拮抗する大きな政治グループに所属している。その他２つの小政党グループの存在が重要となる。即ち，欧州自由・民主・改革党（ELDR）および緑の党である[10]。欧州議会の環境政策を決める主役は，環境・厚生および消費者政策委員会である。同委員会の構成は，議会の政党別構成とほぼ同じである。同委員会の議員は，厳しい環境保護措置を支持する傾向がある。欧州議会は，全体としては同委員会ほど環境政策を推進する方向はとっていないが，総じて言えば，同議会は，欧州委員会や閣僚理事会が環境政策に対してとっている立場よりも，環境保護を推進する立場に立っているといえる。

(3) 閣僚理事会

　EUの閣僚理事会は，EC条約の中で理事会（the Council）と呼ばれている。各分野別に閣僚レベルで会合をもっている。各国の環境大臣は，環境閣僚理事会の場で会合をもつ。閣僚より下のレベルにおいては，各加盟国のEU大使からなる会合がおこなわれる。これらの大使は，恒久代表（Permanent Represent）と呼ばれており，COREPERと称する代表だけの委員会をつくっている。

　COREPERは，分野別ではなく，環境問題を一括して取り扱う。ただ，詳細な議論は事務レベルで分野別に行われ，各国大使館の専門外交官が参加する。共同決定手続きが導入されるまでは，欧州議会と閣僚理事会の組織上のコンタクトはなかった。従来，閣僚理事会は，欧州議会と相談することなく，その立場を決めていた。一方，欧州委員会との関係では，通常，必要に応じ，同委員会から提案の説明を受け，質疑応答を

行ってきた。

　閣僚理事会は，環境問題について，EUの3機関の中では，最も保守的と考えられているが，これは，環境保護政策を強く出張する北欧諸国と経済成長を急ぐ南欧諸国との対立の中で妥協の道を探らざるを得ない事情からきている。しかし，この傾向には，昨今，変化の兆候がみられる。化学物質政策に関する議論の高まりの中で，環境閣僚理事会は，欧州委員会の最初の提案より更に保護色の強い立場をとり，更に特定の部分については，欧州議会の立場より厳しい姿勢をとってきている。

(4) 欧州裁判所

　EUにおいて司法機能を担う欧州裁判所は，各個人により提訴された事件およびEU競争法に絡む問題を決定する。また，同裁判所は，同第一審裁判所による決定についての上訴を取り扱うとともに，EU法の問題に関して各国裁判所が求める予備的決定（preliminary decision）を裁く権限をもっている。

　近年，EU環境法の各規定の遵法を，法制の履行に消極的な各加盟国に強制させる為，欧州委員会から，欧州裁判所に持ち込まれる環境法関連の事件が増加している。共同体法（EU法）の違反に関連して，欧州委員会と各加盟国が相互に争う過程で生じるものである。この過程は，侵害手続き（Infringement Procedure）と言われており，EC条約第226条に規定されている。

　これに関する画期的な決定として，同裁判所は，最近，廃棄物指令（Waste Directive）の特定条項を遵守していないとしてギリシャに対し罰金を支払う様命令した。

(5) その他の関係者

　そのほかには，2種類の利害関係者が介在する。ひとつは，EU環境法を遵守する立場にいる企業および個人であり，また，別の利害関係者は，非政府組織（いわゆる"NGO"）のグループである。企業は，通常，産業

6 EU環境法の制定過程に誰（どういう機関）が関与するのか

団体および産業組織の形態をとっている。例えば，欧州の経営者の利益を代表するUNICE，欧州の自動車製造業者を代表するACEA，化学産業を代表するCEFIC，欧州で製造事業を行なっている日系企業により構成されるJBCE等の産業団体がある。NGOのグループとしては，グリーン・ピース，地球の友，欧州環境ビューロー，自然の為の世界基金（WWF），動物の厚生の為の国際基金（IFAW）等がある。

これらのグループは，欧州委員会と欧州議会へ積極的に働きかけている。EUでのロビー活動は，理事会に対しては，必ずしも活発ではない。これら利害関係者による働きかけが，どういう影響を与え得るか，明確にすることは難しいが，顕著な例としては，欧州環境責任法の枠組みを決める論争がある。同法については，第6章で取り上げるが，幾つかの産業団体は，環境責任法制に反対し，ロビー活動を行ってきた。

一方，環境NGOおよび欧州議会は，一貫して環境責任法制を推進している。2002年1月，欧州委員会は，EUに共通して適用される環境責任法制の確立を目指し，法案を提出した。しかしながら，この法案は，産業界および環境NGOの両者から激しい非難を浴びている。

(1) 欧州共同体は，欧州連合条約（通称，"マーストリヒト条約"）により，1992年に，欧州連合（the European Union）の新しい概念のもとに統合された。欧州連合は，3本の柱，即ち，①貿易，農業，単一市場等の政策を取り扱う欧州共同体，②共通外交安全保障政策（CFSP），③司法内務強力（CLHA）から構成されている。

(2) 危険物質の分類，包装およびラベリングに関する法律，規則および行政規定の位置付けについての指令67/548/EEC御参照。

(3) 鉛，水銀およびカドミウムの使用を制限することを内容とするDirective91/157, OJL78, 26/3/1991

(4) 既存物質のリスク評価及び管理に関するRegulation 793/93，特定種類の危険物質及びその調合（品）の販売と使用の規制に関するDirective76/793並びに危険な調合（品）の分類，包装及び表示に関するDirective1999/45等。

(5) 予防の原則（Precautionary Principle）に関する欧州委員会通知COM（2000）0001, 02/02/2000御参照。

(6) R対農務省（判例 C－157/96）および英国対欧州委員会（判例 C－180/96）御参照。

(7) 判例 C－180／96のパラグラフ100の該当部分御参照。

第 3 章　EU の環境法

（ 8 ）　2000年 9 月18日付自動車のスクラップに関する指令（2000/53/EC）－ OJL 269　21/10/2000　34-43頁御参照。
（ 9 ）　欧州委員会対ベルギー（判例　C － 2/90）御参照。
（10）　緑の党は，the Green と European Free Alliance との連合グループである。

第4章

EUにおける環境法の最近の動き

[クリス・ポレット]

「編者注,本稿はブラッセルのクリス・ポレット弁護士が「国際商事法務」連載用記事としてまとめ,編者二人が監訳した原稿を,関係者の許可を得てそのまま掲載したものである。内容などは変更していないものの,文章構成は一部変更している。」

1 廃棄物規制とリサイクル

(1) はじめに

本章では,論争の的になっている二つのEU指令の提案:「電気および電子機器廃棄物に関する指令の提案(WEEE)」ならびに「電気・電子機器の有害物質の使用制限に関する指令の提案(RoHS)[1]」を詳細に検証することとする。この二つの提案は,現在まだ審議中であり,二つの決定機関である欧州議会および環境閣僚理事会では,全面的な合意にはいまだ達していない状況である。本章では,審議の過程での困難な局面のいくつかを説明し,かつ特に難しい法的問題が生じている問題に焦点を当てることとする(編者注,上記二つの指令は2003年2月13日に発効した)。

（2） 歴史的流れ

　EU 法の下での最初の廃棄物規制の1つは，包装廃棄物であったが，飲料コンテナだけを対象とした1985年の指令[2]は，「包装および包装廃棄物に関する指令（包装廃棄物指令）」[3]によって1994年に変更された。この包装廃棄物指令は，加盟国に対して，包装廃棄物の分別回収システムを構築し，再生およびリサイクル目標を設定することを要求している。さらに，それは，包装に含まれる重金属（鉛，水銀，カドミウムおよび六価クロム）の使用にも制限を課していた。

　また一般都市廃棄物とは別の廃棄物規制のひとつの流れはバッテリーである。1991年指令[4]は，鉛，水銀およびカドミウムの使用を制限し，加盟国に分別回収スキームを構築することを義務付けている。1998年の修正指令[5]は，基本的にバッテリー中の水銀の使用を段階的に削減することを目的としている。

　包装廃棄物指令は，常に，批判と論争の的となっているが，より多くの議論および論争が，「使用済み自動車に関する指令」を採択する提案についても起きていたわけである。産業を破壊するものだとして，この提案を阻止しようとする代表的な自動車製造産業との間で行われた加盟国による永年の努力の結果，この指令は，2000年に最終的に承認された[6]。

　これは「汚染者負担の原則（PPP）」に基づいているが，大部分は生産者責任の原則へと転化している。つまり，生産者は回収システムを構築しなければならず，リサイクル業者などの他のオペレーターと共に，厳格な回収およびリサイクル目標を達成しなければならないこととされている。鉛，水銀，カドミウムおよび六価クロムの使用も段階的に削減されなければならないこととなっている。

　1990年代の初め，電気電子機器廃棄物（WEEE）は，ひとつの廃棄物処理システムとして扱われ，欧州委員会および欧州議会からのいくつかの要求の後に，欧州委員会は，指令案を作成することが適切であるかどうかを検討するための準備にとりかかった[7]。その後すぐに，欧州委員

1 廃棄物規制とリサイクル

会は実際の草案の準備を始めた。その草案では，既に承認されている包装廃棄物，バッテリーおよび使用済み自動車に関する指令において現在利用されているのと同じ原則および方法を最大限適用することとなった。

　いくつかの最初の草案が利害関係者に配布され，批判やコメントが集められた。しかしながら，最も重要で影響力のある先例は，多分「使用済み自動車に関する指令」の採用である。「使用済み自動車に関する指令」が承認されることが明らかとなった時点で「電気電子機器廃棄物に関する指令」の提案を支持する政治的圧力が強くなった。

　しかしながら，欧州委員会内部における議論は，現実に指令の提案がなされるまで続いたわけである。内部協議（inter-service consultation）として知られているプロセスにおいては，議論の対象となっている提案に何らかの形で関与，あるいは影響を受けるような内部組織のすべてが，コメントや批判を提出できることになっている。電気電子機器廃棄物に関する指令提案に関して，内部協議に関与した二つの主要な組織は，環境総局（DG Environment）および企業総局（DG Enterprise）であった。

　これら二つの組織の間で交わされる議論や対立の中身は，これら組織に対する責任をみれば十分に明らかである。企業総局の公式使命は，ビジネスにおける競争性を高め，ビジネスを刷新し，繁栄させるような規制に従うことを保証することである。他方，環境総局の使命は，環境保護制度を改善し，環境問題を他の政策分野との間で統合することである。これら二つの総局（DG）間の対立は，「電気電子機器廃棄物に関する指令」の提案の採択前の交渉において顕著であった。

　ある協議段階において，企業総局が，環境総局との事前の協議を行うことなく準備した代案を提案したが，その目的は，「電気電子機器廃棄物に関する指令」のための提案から，主として提案の有害物質の禁止に関する条項をすべて取除き，別の提案にこれらを盛り込もうとしたことである。この別提案というものは，主に産業界からなる独立の標準化機関に対して，任意の基準を承認することを認めるという「新アプローチ（A New Approach）」に基づくものである。

第4章　EUにおける環境法の最近の動き

　企業にとっては，任意の基準に従うか，あるいは新アプローチに関する指令 (New Approach Directives) によって課される一連の重要な要求を達成する方法を見つけることができるかということになる。新アプローチに関する指令 (New Approach Directives) は，主に製品安全問題に対処するために利用され[8]，環境保護問題や環境基準を設ける場合にはそれまで使用されることはなかった。企業総局にとっては，この代替的提案は，電気電子機器廃棄物規制が要求する高コストで面倒な義務に電子機器メーカーが対応しやすくなるであろうと考えたわけである。

　しかしながら，この提案は，環境総局，あるいは環境保護団体のNGOによっても歓迎されることはなかった。結局，企業総局および環境総局の委員の間で妥協がはかられたわけである。欧州委員会は，指令のための二つの別個の提案を提出することに合意した。一つは「電気電子機器廃棄物 (WEEE) に関する指令」の提案であり，二つ目は「有害物質の制限 (RoHS) に関する指令」の提案である。さらには三番目の提案の可能性も十分に検討されることで合意された。

　この第三の提案は，電気および電子機器 (EEE) のための環境配慮設計基準を設けるために新アプローチ (New Approach) を適用するというものである。二つの提案を提出するという欧州委員会による交渉の結果，妥協に至った中心的な課題は，それらのEC条約における法的根拠 (Legal Base) である。

　これについては，以下，詳細に説明することとする。

(3)　EC条約での法的根拠および単一市場の影響力

　欧州委員会は，正式に2000年6月13日に二つの提案を提出した。その従来の計画は，前述のとおりWEEEのテークバック（返還）規則を対象とし，有害物質の禁止規制を課すという一つの提案を提出することであったが[9]，妥協策として二つの別々の提案を出すこととなった。「電気電子機器廃棄物 (WEEE) に関する指令」の提案は，EC条約第175条に基づいたものであり，「有害物質の使用制限 (RoHS) に関する指令」の提案は，EC条約第95条に基づくものである。

第175条は，条約における環境保護に関する重要な規定であり，第95条は，単一市場に関する中心条項である。第95条はおそらく，EUの立法政策のための最も広く利用される法的根拠（Legal Base）といえるものであろう。その理由は，商品，資本および労働力が自由に移動する単一のEU全体の市場というものを達成する目的で，各国の政策のハーモナイゼーション（調和）を求めるということによるものである。この点における二つの条項の最大の違いは，いかなる範囲で各加盟国が「指令」の調和規定から逸脱できるかという点である。

第95条には，環境保護と関係のある場合には，RoHS指令のような調和的な政策から逸脱する既存の各国の規則を維持するか，あるいは各国で新たな規定を導入することを認める規定を第4項〜第8項に含んでいる。しかしながら，このような政策は欧州委員会の明確な承認を得ないで実施することはできない。また，一旦欧州委員会が承認した場合には，単一市場のひずみを改善するため調和的な政策の採択の提案を直ちに考慮しなければならない。

この場合でも各加盟国による逸脱政策を維持する権利に対する制限も以下のようにいくつか存在する：

— 域内市場が機能することに対する障害とならないこと（例えば，加盟国は，自国内で製造された製品が，RoHS物質禁止規制に含まれていない一定の化学物質を含むことができないという制限を課することができる。しかし，それが著しい貿易制限となる場合には，他の加盟国で製造された製品にこの制限を課することは許されない)[10]
— 欧州委員会は，当該加盟国の政策につき，6ヶ月以内に何らかの決定をしなければならない。もし，同委員会が何の決定も行わなかった場合，当該加盟国の政策は承認されたものとみなされる。
— 加盟国が新たな政策を導入できるのは，1）それらが新たな科学的な証拠による場合で，2）その政策の導入を望んでいる加盟国にとって特有の問題であること，および3）その問題が調和的政策を採用した後に発生した場合であるとしている。

また，これらの三つの条件を同時に満足する必要があるとされている。

第4章　EUにおける環境法の最近の動き

　したがって，各加盟国にとって，RoHS規定より厳しい新しい政策を導入することは，むしろ難しいであろうと考えられている。しかしながら，二つの加盟国（デンマークおよびスウェーデン）が，RoHS禁止規定より厳しい規定を既に設けている。よって加盟国にとっては既存の制限を維持することが認められることになると仮定することも合理的である。しかし，このためには欧州委員会の明確な承認を必要とするであろう。

　電気および電子機器（EEE）についての加盟国外での製造に関して，各国の規定を違えることについての実際上の影響は，ある特定の製品をすべての15の加盟国に輸出することができなくなるという点である。もし，異なる規定を有する加盟国へ製品を販売しようとすれば，その製品は再設計（re-design）されなければならないということである。

　他方，もし，各加盟国における裁量問題を視野に入れると，欧州委員会から承認を得ることなく，あるいは新たな政策を導入するにあたり上記の第95条の制限を考慮することなく，各加盟国が「より厳格な保護政策を維持あるいは導入」することに対しては，第175条が法的根拠となるということである[11]。WEEEのテークバック規定と有害物資禁止規定の両方を含む単一指令のための法的根拠として第175条を利用するというのは，欧州委員会および環境総局の意図であった[12]。各国により厳格な政策をとる裁量を与えることに対し道を開くことになり，また，電子機器製品につき，単一市場に著しい損害を与えることになるであろう。

　しかしながら，二つの法的根拠に基づいた二つの別々の提案を提出するという欧州委員会の妥協的な決定は，各国の裁量問題の解決にはならなかった。欧州委員会および欧州議会の両方は同じ議論を行い，両機関の内部には，第175条に基づいた単一の提案に賛成する強力なグループが存在していた。特に有害物質の禁止に関するEU閣僚理事会の立場からの影響力については，後述のRoHS提案についての部分で，より詳細に説明することとする。

（4） 電気および電子機器廃棄物（WEEE）に関する指令

欧州委員会の提案は17の条文および4つの付属書からなる。それは次のものを規定している：
- いかなるカテゴリーの製品がその対象となるか（第2条，付属書Ⅰ）；
- 電気電子機器廃棄物は他の廃棄物とは別に回収されなければならないのか（第4条）；
- WEEEはそれがさらに加工される（例えば，再利用されるか，廃棄されるか，あるいは処分される）前に，分別して取り扱われなければならない（第5条，付属書ⅡおよびⅢ）；
- WEEEの異なった分野毎の守るべき特定の回収およびリサイクル目標（第6条）；
- 生産者がほとんどのWEEEの収集，処理，回収および処分の費用を負担する（第7条）；
- 専門ユーザからのWEEEの処理に対し資金を如何に提供するか（第8条）；
- EEE（電気および電子機器）のユーザに対し，WEEEに関する必要な情報を提供する（第9条，付属書Ⅳ）；
- 処理施設に対してWEEEを処理するために十分な情報を提供する（第10条）；
- 各加盟国は指令の運用に関して，特定の情報を定期的に欧州委員会に対して提供しなければならない（第11条および第12条）；
- 指令のいかなる規定がどのように実行され，また，科学的・技術的進歩に適応されるか（第13条および第14条）；
- 指令が，どのように国内法に導入されるか，また，それがいつ効力を有することになるのか（第15条，第16条および第17条）。

2002年3月時点には，WEEEおよびRoHSの提案はいずれも欧州議会における第二読会でまだ審議中であった[13]。関連の環境委員会における投票は同年3月21日に行われ，また，欧州議会の本会議での投票は同4月8日の週に予定されていた。その後，環境閣僚理事会が欧州議会に

より採択された如何なる修正に合意するかを検討することになっていた。もし環境閣僚理事会が，欧州議会の修正のすべてに合意できない場合には（それらは十分にありえたが），それらは「調停委員会」において妥協点を調整・模索することになるわけである。かなりの数の論争の的となっている問題がまだ審議中であるので，指令に最終的に盛り込まれるすべての規定を今の段階で正確に指摘することは難しい。しかし，それらの潜在的な影響力について包括的に予想することとする。

　以下においては，指令の対象となる企業が遵守しなければならないすべての要求事項および義務を掲げることはできない。しかしながら，それらが引き起こすか，また引き起こした不一致により，あるいはそれらの潜在的な影響力により，関連するとされる特定の問題につき，以下指摘することとしたい。

① 生産者の定義

　第3条（ⅰ）は，誰が「生産者」と見做されるか，また結果として，この提案に規定されたほとんどの法的負担や義務を誰が負担するかを定義している。以下の場合には「生産者」と見做されることになる。

(a)　自ら製造し自己の商標でEEEを販売する場合；
(b)　他のサプライヤーによって製造されたEEEを自己の商標で再販売する場合；
(c)　輸入業者として加盟国へEEEを輸入する場合。

　オプション(a)は自明である。オプション(b)は混乱のもとである。つまり，多国籍の清涼飲料生産者が，自らは製造していないが，明らかに自身の清涼飲料の商標を付した冷蔵飲料水販売機を販売している場合には，WEEEに対する責任を負わなければならないことになる。当該生産者は，欧州委員会の意志決定手続の初期段階で，生産者自身は飲料水販売機を製造していないので，この定義は公平ではないと苦情を申し立てた。しかしこれには，いずれの意志決定機関においても同情的な対応がなされなかった。

　オプション(b)に関連する別の問題は，二重ブランドの問題である。顕著な例として，世界的なスウェーデンの家具および室内装飾品の小売店

チェーンのケースがある。それは、有名な製造業者によって製造された台所用電気製品（冷蔵庫など）をその小売店で販売しているものであり、その製品は「Y向けXの製造による」という二重ブランドを付していた。前述の定義では、誰がWEEEに対する責任を負わなければならないとされるのかがはっきりしない。欧州議会は、したがって、はっきりと生産者が責任を負担するという修正を採択したわけである。

ヨーロッパへ輸出する日本の生産者のために最も重要なことは、輸入業者も生産者であると見なされるということである。ヨーロッパ市場にいまだ進出していない生産者は、したがって指令の規定および責任に対処するために、自身で法人格を取得するか、あるいはEU内において法定代理人を指名しなければならないことになる。

② みなしご製品（Orphan Products）[14]

以上から、生産者が特定できない場合には、誰がテークバック（返還）やリサイクルの費用を負担するのかが明確ではないということになる。この問題に対処するために、理事会は、資金負担義務を規定した条項に修正を加えた（第7条）。理事会は、市場から撤退した生産者、あるいは識別不能の生産者によるWEEEについては、他のすべての生産者が費用を負担するということを提案した（第7.4条）。

それはEU市場において非ブランド製品を追い落とすために、実際には「ただのり業者」を奨励することになるであろう。つまり他の生産者がリサイクルコストをまとめて面倒を見るので、製品が廃棄物となった場合にリサイクルコストを最小限とする方法により、製品設計を行うことを容易にするというものである。よって電子機器製造業者協会はこの規定に対し猛烈に抗議したわけである。

欧州議会は、生産者不明の「みなしご製品」の問題に対処する方法を別に見つけだした。それは生産者に対して、これらの製品を製造したことを識別できるようにはっきりと生産者の製品にマークを付すこと、ならびにそれらが廃棄物になったとき生産者自身の製品を処理する費用をカバーするために、適切な資金的保証の提供をさせるということを強制するという提案である。これは将来の生産者不明製品（Future Orphans）

第4章　EUにおける環境法の最近の動き

の問題を扱っているだけである。つまり，将来，市場に投入されるかもしれない非ブランド製品の問題である。市場に既に投入された生産者不明の製品，「歴史的不明製品（Historical Orphans）」は，他のすべての「歴史的廃棄物（Historical Waste）」と同じ方法で処理されなければならないであろう。これは以下のセクションにおいて扱うこととする。

③　個別資金負担・歴史的廃棄物

　WEEE指令の背後にある主要な考え方というのは，生産者が電子機器廃棄物のリサイクルや処理コストを資金的に負担する責任を負うので，一旦電子機器が廃棄物となった場合には，リサイクルや処理コストを最小限にするような方法でその製品を再設計することになるであろうというものである（「リサイクル設計」）。

　ヨーロッパの製造業者のグループは，この考え方に同意した。つまり，このようなシステムの下であれば，最終的に負担しなければならないコストを間接的にでもコントロールできると判断したことによる。しかしながら，製造業者にとっては，このシステムは生産者が自己の製品に対して資金的に責任を負うという場合においてのみ機能すると考えられている（Individual Financing）（第7.2条）。

　万一，生産者がある種の集合的なスキームの下で資金的コストの負担をしなければならないとした場合には，製品の再設計や廃棄物となった場合の財政的インパクトを考慮する緊急の必要性は分散し，大半は消滅するであろう。製造業者は，これについて欧州議会の支持を得たわけである。それは，個別の財政的負担責任というものを強力に支持し強制するという観点において，最も強力な環境保護NGOと，最大の製造業者団体との間における，先例のない一時的な協力へと繋がったわけである。

　しかしながら，リサイクル設計という概念は，歴史的廃棄物，つまり指令の発効以前[15]に市場に投入された製品からの廃棄物について，どのように処理すべきかという疑問も生じさせたわけである。生産者は，まだ，指令の扱いやリサイクル要求，ならびに環境上のインパクトやリサイクルコストを最小限にするという点において，2003年以前に市場に投入された再設計製品を考慮することはできなかった。

例えば，2003年以前に販売され，まだ10年以上の平均耐用年数を有する，著しく多量の「古い設計」の冷蔵庫はどうするのであろうか？　それらが2003年以降廃棄物となった場合，分解しリサイクルするコストを誰が負担するのであろうか？　欧州議会とEU閣僚理事会の間のコンセンサスは，生産者が集団的にこれらのコストを負担するということである（第7.3条）。また，生産者は，コストが発生した時点での市場占有率をベースとして集合的財政負担システムに貢献することになるであろう。（編者注：2002年4月10日の投票結果，集団的コスト負担および歴史的廃棄物の場合は，市場占有率での負担が承認された。）

④　企業間契約

　一般消費者以外の専門ユーザによる電気電子機器廃棄物についての財政的解決については，欧州委員会は当初異なる考え方を有していた（第8条）。製造業者と専門ユーザは同じレベルで運用され，そして個人消費者の保護制度（消費者は電気電子機器廃棄物を無償でテークバック（返還）できるという規定により―第4.1条）は，企業間売買取引（B to B売買取引）では保証されなかった。

　欧州委員会は，製造者および専門ユーザに対しては，WEEEの管理に関するコストを売買契約において規定すべく提案している。これは欧州議会では支持されているが，理事会の支持は得られていない。はじめの環境閣僚理事会では，生産者および専門ユーザは，売買契約の中で財政的負担責任を自由に取決めうる状態であるにもかかわらず，専門ユーザによるWEEEのリサイクルコストを生産者に負担させようとしたわけである。製造業者の意見は，専門ユーザが負担する必要のない場合に任意的に負担するということはおこりえないという理由で，自動的に完全な生産者責任になるであろうというものである。

⑤　消　費　財

　消費財とは，トナーおよびインク・カートリッジ，オーディオ・テープ，CD，ディスクなどだけでなく，紙，ガスあるいは接着剤容器，電子歯磨きブラシ，ドリル，石鹸，掃除機袋，コーヒーバックなどをいう。

第4章　EUにおける環境法の最近の動き

欧州委員会の提案では，何が消費財なのかということを明確に定義はしていない。しかしながら，欧州議会では，最初の読会時に電気電子機器部品の利用期間中に使用されるすべての消費財を電気電子機器廃棄物の定義に含めるべく決定した（第3.b条）。

これは，WEEE指令の他のすべての規定が，消費財にも適用になるという顕著な結果を伴うこととなった。たとえば，プリンターや複写機が使用する大量の紙も別々に回収されなければならないわけである。これら紙のすべては，年間一人当たり4ないし6kgというWEEE回収目標の達成にも算入されるであろう。そうなると別個に回収された紙だけでもって，回収目標を達成することになり，適正な電気電子機器廃棄物あるいは他の消費財を考慮にいれる必要もなくなるであろうことは明らかである。さらには，再生およびリサイクル目標や個別的処理条件なども適用されるようになるであろう。これはWEEE指令が達成しようとした最終目的とは異なることになる。

欧州委員会の提案は，WEEEの定義のなかに耐久的消費財を含まず，廃棄時に製品の一部である消費財だけを含むとされた。耐久的消費財を含むということは，新たな別の廃棄物処理の流れを創生することになり，これは今までも真剣に検討されたり，調査されたりはしていなかったわけである。

(5) 有害物質の使用制限 (RoHS) に関する指令

欧州委員会の提案は，10の条文と1つの付属書からなる。これらは次のことを規定している：如何なる製品分野のものが指令の範疇に属するのか（第2条）；特定の日以後にEEEに使用できなくなる6つの物質（つまり実際の有害物質禁止）（第4条）；技術的および科学的進歩を考慮して，有害物質禁止を如何に修正していくか（第5条および第7条）；対象製品および禁止されている有害物質について，その範疇を拡大する観点から指令の全部を再検討する必要性（第6条）；指令の規定に違反した場合の各加盟国により適用されるペナルティ（第8条）；指令が如何に各加盟国法制に導入されるか，およびいつ有効となるか（第9条および第10条）；鉛，

水銀，カドミウムおよび六価クロムのいかなる利用が有害物質禁止規制の対象外とされるのか（付属書）である。

① 有害物質規制の期限

環境閣僚理事会は，2001年6月7日にWEEEとRoHSの提案について政治的な合意に達し，そして，2001年11月14日にこの政治的合意を盛り込んだ共通の立場（Common Position）を公式に発表した。上記に述べたように，合意の重要な要素のうちの1つは，各加盟国が二つの提案を統合しないことに合意したということである。再統合の問題は，統合された提案はEC条約第175条に基づかなければならないということであり，また，重大な制限もない状態で各加盟国の裁量を許すことになるであろうということである。

しかしながら，閣僚理事会は，欧州委員会により提案された2008年という期限，あるいは欧州議会の提案の2006年に代えて，「遅くとも2007年の1月までに」という期限を，RoHS有害物質禁止規制に規定することに合意した（第4.1条）。

本件を検討するためには，なぜこの修正（「遅くとも2007年の1月までに」）が挿入されたのかを検討することが必要である。それは，二つの提案が再統合されず，また第175条に基づかないことを保証するのに必要とされた妥協の一部である。この妥協の中心となったのはスウェーデンとデンマークであった。既に両国の国内法の一部となっており，ある点においては，提案されているRoHS禁止規制よりは進んでいる自国の有害物質禁止規定を継続して適用することを確保したいと望んだからである。さもなくば，RoHS禁止規制の効力発生時に存在する既存の禁止規定を破棄せざるをえないことになり，結果として，予測されたRoHS禁止規制の期限に，禁止規制が復活することになるわけである。

既存のより強固な禁止規定をなんの妨害もなく継続することができる唯一の方法とは，RoHS指令を第175条に準拠させることである。しかしながら，もしこれが実現した場合には，より異なる，かつ厳しい国家ベースの有害物質禁止規定がどっと適用されることにより，電気電子機器における単一欧州市場というものは永遠に破壊されることになる。「遅

第4章　EUにおける環境法の最近の動き

くとも（at the latest by）」規定を含むRoHS提案を選択することにより，デンマークおよびスウェーデンは既存の国内禁止規定を維持することができるわけであり，また第95条に準拠したRoHSを持つことにより，RoHSより強固な国内禁止規定を継続することが許されるチャンスも持つことになるわけである。

　しかし，このような現在の妥協というものは，デンマークおよびスウェーデン以外の加盟国によって，2007年までに単一市場が破壊されうるということも意味している。環境活動家および進歩的な加盟国により，RoHS禁止規制を早期に適用するか，あるいは2007年以前にそれらを段階的に導入していくことを決定することができるからである。2007年1月以降は，しかしながら，原則として同時にすべての国が同じ有害物質禁止規制を適用することになる。言いかえれば，その日以後は，電気電子機器のための単一市場がほぼ適切に確立されることになる。
　たとえ当初は（特に2007年までの期間は）結果は悪い状況かもしれなくても，これが合理的な妥協であると論議することも可能であろう。それは最悪の事態（つまり単一市場の完璧かつ永久の破壊）を回避することになる。しかしながら，個別の加盟国がRoHS有害物質禁止規制を段階的に導入するか，あるいは早期に（理論的にはRoHS指令の効力発生日から可能である）導入することを認めることによる現実的な結果は，実際の効力開始期限を2007年ではなく，指令の効力発生日（恐らく2003年中）に繰り上げるということを意味している。（編者注：2002年4月10日の投票結果，「おそくとも2007年まで」を「2006年」とする提案が承認され，加盟国が既存の規制を維持する，あるいは2006年以前に規制を導入することを明確に認めるという提案は拒否された。）

② 商　　品
　在ブラッセルの在欧日系ビジネス協議会（JBCE）[16]が，欧州議会のメンバーとの間で交わした効果的な交信のなかには，有害物質禁止規制からスペア部品および取替用部品を一時的に適用除外とする必要性であった。欧州議会の意見は，有害物質禁止規制日以前に市場に置かれた

EEEのスペア部品は有害物質禁止規制の適用除外とすべきであるというものであった。これは，もし有害物質禁止規制日以後に機器が故障した場合には，禁止対象の有害物質をひとつでも含むスペア部品は修理のため利用できなくなるという論理である。

これが意味するところは，修理後も一定の期間使用可能である電気電子機器が，廃棄されなければならなくなるということである。これにより不必要かつ避けることが可能な廃棄物を新たに生じさせることになると考えられている。禁止対象の有害物質のいずれをも含まない再設計のスペア部品を使用するということは，たいてい新たに設計されたスペア部品と元の機器との間での不具合が生じることになるであろうということである。

禁止規制の期限前に市場に置かれた機器に利用されるスペア部品だけを有害物質禁止規制の適用除外とするという提案は，この適用除外もいずれは自動的に消滅していくことになるからということによる。(編者注：2002年4月10日の投票結果，このスペア部品の適用除外は承認された。)

③ 今後の展望

4月の欧州議会の第二読会での投票の後，環境閣僚理事会にとっては，欧州議会の修正のうち，どれを受け入れることが可能か，また，どれを受け入れることができないかを決定するのに3ヶ月から4ヶ月が必要とされる。閣僚理事会が欧州議会の第二読会での修正のすべてを受け入れるということはほとんどありえないことではあるが，本件二つの指令は採択されたものと考えることができる。

もしそうでないとすれば，この二つの機関は妥協に至る努力をしなければならないことになる。そのためには4ヶ月という期間がかかる。もし妥協に至れば，これは第二読会では，「Yes」or「No」という投票で確認されなければならないことになる。この方法は通常は何の問題も生じないわけであるが，しかし承認されたものとして理解してはならない。たとえば，欧州の企業買収指令に関する強硬な提案は，最近，第三読会において同数投票（270名の賛成および270名の反対）という結果で拒否されたことがあった。

第4章　EUにおける環境法の最近の動き

今後予見し得ない遅れが起こらなければ，二つの提案は2003年の前半には二つの指令として最終的に承認されるであろうと仮定してもよい。そして15の加盟国はその後18ヶ月という期間内にこれらの指令を各国の国内法として導入することになる。

2　化学物質規制

(1)　はじめに

　本章の目的は，危険な化学物質に関する欧州の法体系につき現在行われている見直し（作業）を外観することである。現行のシステムが適切に機能しておらず，そして，化学物質の特性に対する知識とそれらが人間の健康及び環境に与える影響との間におおきなギャップが存在しているとの一般的な見方の結果，欧州委員会は，まったく新しい法的枠組みの為の広範な考え方を含む"白書"を2001年発表することを決めた。
　しかしながら，この様な新しいシステムが持ちうる意味を完全に理解して頂く為には，現在の法制をある程度詳しく考察することが必要となる。それ故，第一章は（現行の）4つの主要法規とそれらが相互にどう関係しているか（又は，していないか）を論述する。現在の法規の複雑さを理解して頂くなかで，これらの法規の徹底的な見直しと完全な解体整備により本来とっくに為されるべきであったことが明白となってきたといえる。
　ここでは，中期の将来にもふれている。というのは，新法制が発効するには，数年かかるであろうし，また，うまく機能していると思われている現在の法的枠組みの中のいくつかの部分は，新しい法制の中に組み入れられる可能性があるからである。

　つぎには，新しい法的枠組みに対する欧州委員会の考え方を説明する。同委員会は，現実の立法提案を現在準備中であり，その詳細には，深く立ち入らないが，新しい規則が持つであろう意味とこれらの法案の決定

者および利害関係者達の反応を論じていく。

(2) 現在の法的枠組み

有害物質に関する欧州の法的枠組みは，1960年代の末以降，継続的に発展してきた。それは，下記の4つの主要な法律により構成されている。

- 危険物質の分類，包装及び表示に関する Directive67/548[17]
- 既存物質のリスク評価及び管理に関する Regulation793/93[18]
- ある種の危険物質及びその調合（品）の販売と使用の規制に関する Directive76/769[19]
- 危険な調合（品）の分類，包装及び表示に関する Directive1999/-45[20]

これらはしばしば，修正および改定されてきた。Directive67/548 に関する修正指令の数は40にのぼり，Directive76/769 については30近い修正指令が出されている。これらの指令は，透明性もなければ，互いに機能するには単純ではない一連の迷路のようなグループを作り出した。

1981年9月18日を以って，それ以降の化学物質を"新規の"物質とするとした時点でも物事は必ずしも簡単になったわけではない。(同日以降の）これらの新規物質は，（既存の物質とは）異質のものであり，それらが市場に出る前に充分需要があったものである。現在までに，2700の新規物質が登録され，分類されている。

1981年9月18日時点で，100,106の既に知られている物質が市場に出回っていた。これらの物質は，EINECS（既存産業化学物質の欧州目録）に記録されている物資である。それらの物質は，"既存"物質と呼称されている。100,106の化学物質は，"過去の荷物"と考えられている。というのは，それら物質の中のほんの僅かの物質しか試験やリスク評価をされていないからである[21]。

これらの既存物質は，販売前の通告（Notification）や試験要求を条件とされることなく市場で手に入れることができた。従い，それら既存物質の特性や特色はほとんど知られていない。現在，約30,000の既存物質が1トンを超える規模で生産されていると思われる。

第4章　EUにおける環境法の最近の動き

3,000以上の既存物質と1,500にのぼる新規物質がDirective67/548の別表に掲載されている。即ち，これらの物質は，"有害（hazardous）"と分類され，（それに応じ）適切に表示される様に規定されている。しかし，ある物質が有害であると表示されたとしても，その物質の使用と販売は制限されることにはならない。Directive76/769の別表に纏め上げられている物質だけが特定の販売方式をとることを義務付けられたり，使用が制限される。

現在900にのぼる物質がこの別表に登録されている。明らかに，両者は矛盾しており，2つのDirective（Directive67/548とDirective76/769）の間には，何の関連性もない。つまり，Directive67/548で有害と分類されたある種の物質が詳細な検査を受け，Directive76/769の別表に掲載され販売の制限を受ける一方で，（Directive67/548で）他の有害とされた物質が，過酷なリスク評価や販売制限を受けないのは何故なのか明確な規定は存在していない。

この様な有害物質の徹底的な検査についての無計画なやり方や"過去の荷物"の取り扱いの不備が，Regulation793/93（"既存化学物質規則"として知られている）を作りだすことになった。1,000トン超生産される有害物質につき詳細な検査が行われた。その結果，140にのぼる有害物質を含む優先リストが作成された[22]。人間及び植物の生活にリスクを与える可能性があるとの入手可能な示唆に基づき，これらの物質が包括的にリスク評価されることが緊急の課題であると考えられた。

これらのリスク評価は，詳細に及び，技術的にとても複雑であり，その結果，評価の完成には，長い時間を要するものであった。評価は，最初の優先リストの発表後，直ちに開始され，まさに終了するところである。今までに，リストに載せられた物質の内16にのぼる有害物質につき評価が行われてきた。2002年の年後半へ向け優先物質のリスク評価を完結するよう様急ぐことになるものと思われる。包括的なリスク評価の終了時点で，特定の使用方法および販売制限についての提言を伴った勧告（Recommendation）を欧州委員会は公表する。そして，これらの勧告を取り上げ，Directive76/769の別表の中に問題の物質を入れ込む立法提案

を行うのも欧州委員会自身となる。

Directive1999/45[23]は，少なくとも1つの危険な物質を含んでいるか又はそれ自身危険な化学物質の調合（品）について，その分類，包装および表示を取り扱っている。この指令が直面している問題は，影響の大きさである。市場には，700万を超える化学物質の調合（品）が存在していると見られ，それ故，この指令が新しい調合(品)が市場に出る前に事前通告を求めなかったことは何の驚きでもない。

① Directive67/548 と Directive76/769 の関係

下記で取り上げるひとつの重要な例外を除き，分類と表示に関するDirective67/548と販売及び使用制限に関する76/769には何ら正式な関係はない。以前は制限されていなかった化学物質が制限されることになる下記の2つの主要な根拠がある。

〔1〕 主要な制限の根拠は，加盟国の施策に求められる。ある加盟国は，Directive76/769に包含されていない（多分，Directive67/548でも包含されていない）個別の物質の販売制限を一方的に決定できる。しかしながら，この様な一方的な処置は，物品の流通を阻害し，共通市場の創設を阻害するとして（いわゆる透明性と通告に関する指令——Directive83/139【Directive98/34[24]により改正】）に基づき確立された）特別手続きに従い欧州委員会に通告しなければならない。同委員会が，加盟国による制限が正当化されると判断すれば，その制限をEU市場全域に拡大することを提案する。換言すれば，Directive76/769に基づくそれら物質の制限を提案することになる。

〔2〕 "既存化学物質指令"（Directive793/93）は，早速，販売および使用制限の為の提言について一層重要な根拠となった。上述した様に，優先リストに載せられた有害物質のうち包括的なリスク評価が終了した物質の数は増大しており，このことはDirective76/793に基づくより広範な制限に自動的に繋がるであろう。

② Directive67/548 と Directive76/793 との唯一の関連

1994年，欧州行動計画（European Action Program）の文面の中で生殖にとり，ガン発生の可能性があり，突然変異の可能性があり，又は毒性を有する如何なる物質も使用することが原則として禁じられることとなった。これらの物質は，c/m/r物質（後述するCMR物質）と称されている。このことは，結果として850にのぼるc/m/r物質をDirective76/769の別表に包含させることになった。これら物質は，Directive67/548に基づき分類される。それ故，67/548の別表が修正され，新規物質が加えられ，c/m/r分類が与えられる毎に，76/769の別表も自動的に修正される必要が出てくる。

③ Directive67/548 の機能

"有害な"又は"危険な"という化学物質の分類は，15種類の危険のうちの1つ又は複数の危険，例えば，可燃性，毒性，腐敗性，環境にとって危険，突然変異性，ガン発生の可能性，毒性の再生等の危険に該当するということを意味している。化学物質の表示は，危険標章（伝統的な骸骨と十字架の骨の様な），危険の用語，Rフレーズ（当該物質の特別な危険の特性を表現する標準用語）及び安全用語又はSフレーズ（注意を喚起する安全予防を記述した標準用語）を含まなければならない。

ある製造業者が市場に新規の物質を持ち込む場合，まず最初に，責任のある政府当局に通告しなければならない。通告書一式の中に当該物質のリスク評価の結果を含めなければならない。どんな試験を行わねばならないか及び人間や環境にとってのリスクをどう評価するかについてのやり方は，関連法規に詳細に規定されている[25]。政府当局が通告書一式を受理した時から当該物質を市場に出すことが可能となる。

④ Directive76/769 の機能

指令は，2つの主要な目標を持っている。即ち，欧州単一市場での自由な製品（化学製品）の流通及び人の健康および環境の高度な保護を与えることである。ある加盟国が一方的な制限処置をとる毎に，欧州委員会は，通常EUレベルで，制限を調整することにより自由な流通を回復さ

せてきた。(同委員会による)保護処置は,当初,人の健康の為にのみ行われてきたが,環境を保護するための規制処置が発動されてきたのは,ここ最近10年間のことである。

Directive76/769に基づき採られる処置は,2つの形態をとる。即ち,物質の使用と販売の完全禁止または物質の使用の管理規定の形態である。完全禁止は,極めて稀であり,非常に限定されたケースで発動された[26]。例外が認められる禁止処置の方が普通である。このような場合,物質の販売と使用は,それらの物質についての申請が,明確に許可された場合を除き禁止される。物質の使用の管理はより通常のやり方である。販売と使用は,申請に対し禁止の処置が為された場合を除き許可される[27]。

Directive793/93に基づき実施される包括的なリスク評価と違い,非優先物質の販売と使用は範囲がより限定されたリスク評価により進められてきた。これらの目標を限定したリスク評価は,入手可能な現存のデータだけに基づき行われている。にも拘らず,行われるべきリスク評価に関する確立された標準とルールは出来る限り厳密に遵守されている[28]。

⑤ Directive793/93の機能

包括的なリスク評価の過程は,4つの主要なステップから構成されている。(ⅰ)危険の特定,即ち,ある物質が,人の健康や環境に与える悪影響(急性のものと長期間に亘るもの)の特定(ⅱ)反応評価と言われるもので,ある物質にさらされる度合いとそれによる影響の厳しさ及び(影響の)範囲の関係を決定する。集約効果評価(Concentration-effect assessment)とも言われる[29]。これら2つのステップの目標は,悪影響や不可逆的な影響を与えない物質にさらされる程度と度合いを決定することである。(ⅲ)露出評価(Exposure Assessment),即ち,人間や環境がさらされる度合いを決定するものである。最後のステップは,リスクの特性化と呼ばれるもので,起こり得る悪影響の発生と厳しさを予測するものであり,換言すれば,予測されるリスクを決定するものである。

この過程を理解するには,危害(hazard)とリスクの相違に留意するこ

第4章　EUにおける環境法の最近の動き

とが必要である。"危害"は物質が生み出す将来的な悪影響である。これは，その物質が有する本来の特性として知られている。"リスク"は，人が，どの程度の悪影響や危害に晒されるか理解している時にのみ決められるものである。包括的なリスク評価をどの様に行うかについての原則は1994年の規則に規定されている[30]。

全ての物質が類似のベースで検査されることを保証する為に，これらの原則は，新規の物質の評価を承認する原則に大部分従っている[31]。欧州委員会は，評価をどの様に行うかの詳細を記した700ページ以上にのぼる技術指導書も発行している。これは新規通告の物資のためのリスク評価に関するDirective93/67および既存物資のためのリスク評価に関するRegulation1488/94を補完する技術指導書である。

⑥　Directive1999/45の説明

調合（品）は2つ以上の物質の結合である。危険な調合（品）は，少なくとも1つの危険な物質を結合している。調合（品）は，欧州市場で得られる全ての化学製品の90％以上を占めている。それらは，溶剤や塗装剤の様な産業用化学製品，燃料や潤滑油等の石油化学製品，殺虫剤や肥料等の農業用化学製品又，洗剤や消毒剤の様な一般消費者用のものまで含んでいる。現在，欧州市場で700万を超す調合（品）が販売されている。

膨大な数の調合（品）に関連する特別の問題の為，調合（品）の販売前情報の提供は要求されていない。危険な物質にたいする要求と多くの類似性が存在しているが，調合（品）の特性を実験室での試験で決定できないという重要な違いがある。特定の調合（品）の危険についての理論的なリスク評価は許されている。Directive1999/45は，（調合（品）についての）通常の計算方式の詳細を別表に記載している。

(3)　2001年白書

"過去の荷物"と既存物質規則による時間ばかりかかる（審査）過程に業を煮やし欧州委員会は，2001年2月"将来の化学政策の為の戦略"と

題する白書[32]を発表した。同委員会は，白書の中で"既存の化学物質の特性及び使用について一般的に理解が不足している"こと，且つ"リスク評価に時間がかかり過ぎるとともに評価を行う人材が不足しており，(評価の) システムが効果的に機能していない"と述べている。

しかし同時に，白書は，現在の（システムの）不均衡をどの様に改善し，運用すべきかについての考えと選択を内容に含んでいる。2001年2月以降，これらの明解な政策提言は，産業界，使用者側，消費者，NGO等の利害関係者によって詳細に精査されてきた。同委員会は，現在，一連の法制についての提案に繋がると思われる条文作成作業に取り掛かっている。

① 白書：主要政策の提言

白書の主要点は，"REACH"とよばれるシステムの構築である。"REACH"は，

Registration（登録）の"R"，Evaluation（評価）の"E"，Authorization（承認）の"A"，Chemicals（化学物質）の"CH"を各々表している言葉である。新規物質と既存物質の間で情報の提供や試験に関して法制上の要求があまりにも違いすぎる現行のシステムと異なり，REACHは，全ての化学物質に適用される統一かつ固有のシステムとなると思われる。

〔1〕 登 録

1トン超の化学物質を生産する製造業者は，情報の提供義務がある。欧州委員会は，30,000の物質がこの規定に該当すると予想している。この登録の最終期限は，2012年であるが，段階的に（登録手続きを）進めることになる。即ち，1000トン超の生産量に該当する物質は，2005年までに登録しなければならないし，100トン超の場合は，2008年までに，そして，1トンを超す生産量の物質については，最終期限の2012年までに登録を完了しなければならない。

提供が求められる情報は，以下により構成される。：物質の特定と特性に関する情報：意図される使用の用途（これは重要である。というのは，意図されている用途以外の目的で物質を使用する下流使用業者（Downstream

User）は，その使用についてのリスク評価を行うことを求められる。──以下参照）：意図される用途についてのリスク評価：予想生産量：分類と表示についての提案：安全データ・シート（標準のリスク標章と表示とともに）：リスク管理の処置についての提案（必要がある場合）

〔2〕 評 価

　100トン超の生産量のすべての物質について，提供及び登録された情報は，当局により適切に評価される。約5,000の物質がこれに該当すると見込まれる。これに加えて，製造業者は，必要とされる更に詳細な試験プログラム（化学物質についての特別仕立て試験）に関する提案をしなければならない。この過程は，多少とも，新規の物質に現在使われている過程と同じものとなる。更に，100トン以下の生産量の物質の場合でも，それらの物質に懸念が生じた時は，当局による評価が必要となる。例えば，それらの物質が継続的な性格を有し，環境に蓄積されるものである場合又は，高い毒性を持っている場合である。

〔3〕 承 認

　大きな懸念を与える特性を持つ化学物質は，（当局による）明確な承認（Explicit Authorization）がなければ市場に出すことはできない。2種類の物質が，まず該当する。即ち，CMR物質と呼ばれるものであり（ガン化の可能性があり，突然変異の可能性があり，そして毒性を有する物質）そして，次にPOPs（Persistent Organic Pollutant）と呼ばれる物質がある。殺虫剤のDDTを含む，所謂，"汚れの12（Dirty Dozen）"のリストとしてよく知られている。

　加えて，欧州委員会は，より後の段階で，PBTs（継続的であり，環境に蓄積され且つ毒性のある物質）およびVBVBs（非常に継続的であり，非常に蓄積性のある物質）が，販売前の明確な承認を必要とするかどうかにつき決定する。又，（人間又は動物のホルモンのシステムに意図しない衝撃を与える）内分泌腺を崩壊させると強く疑われている物質についても承認が必要となる。同委員会の推定によれば，明確な承認が必要となる物質は1400物質にのぼるとみられる。

登録が必要となる物質の登録が為されず，又は，その手続きが完了せず，その物質が禁止される場合，その際の時間的期限を設定しようというのが同委員会の意図であると思われる。要求される徹底的なリスク評価を行う責任は製造者側にある。承認は，物質の使用が無視できる程の危険を与える場合に付与される。条件付承認は，その物質の使用に関連する社会経済的恩恵を考慮して決定される。

　EU連合への物質の輸入者は（EU域内での）当該物質の製造者と同等の責任を負うことを留意しておくことが大事である。

② 白書についての初期的なコメント

　欧州の化学製造業者団体（CEFIC）は，慎重に白書に反応している。彼等は，現行のシステムが充分に機能していないとの分析の大部分には同意しているが，幾つかの面について重大な懸念を表明している。即ち，懸念のある化学物質は，承認を受ける必要があるという方針に強く反対している。ある特定の物質が，明確な承認を取得する必要があるということが明らかになれば，最終的には，明確な承認が得られるかどうかに関係なく，その物質は疑問視され，使用する可能性がある使用者は，その物質を避け，使わない方向に誘導されていくことになると主張している。

　このことは，製造者を著しく法的に不安定な状況に置き，製品の改良や競争力を阻害することになるとしている。製造業者側の別の懸念は，登録の目標日程がまったく現実的なものでも，又実行可能なものでもないということである。それに加えて更に，新システムに基づく義務を遵守する為に掛かるコストは，欧州委員会が予測する額より遥かに高いと主張されてきた。

　同委員会は，最近3段階の試験コストについての数字を示している。即ち，

(ⅰ) 登録要件を満たす為に要求されるベース・セット試験の場合，1物質あたり100,000ユーロ。

(ⅱ) 生産量100トン超の物質の為に必要とされる，所謂，レベル1試験の場合，1物質あたり300,000ユーロ。

第4章　EU における環境法の最近の動き

　　（ⅲ）　生産量1,000トンを超す物質に要求されるレベル2の試験のコ
　　　　　ストは，800,000ユーロ。
となっている。

　また，当初，意図されていない用途に物質を使う場合，下流使用業者は，自らのコストでリスク評価試験行わなければならないことを記憶しておく必要がある。CEFIC は，当初，REACH の実行に掛かる全体コストは，200億ユーロと主張していた。が，独立コンサルタントにより行われたビジネス影響調査が2002年5月に出された。同調査は，考えられる4つのシナリオを示している。最もコストが掛かる場合であっても，70億ユーロを超すことはないとしている。CEFIC は，この調査見積もりを受け入れる方向に傾いている。

　15カ国の環境相は，2001年6月7日に決議を行い，彼らの立場を明らかにした。環境閣僚理事会は，多くの面で，白書の内容より産業界にとり厳しい立場を採った。例えば，製品に含まれる全ての有害な化学製品もまた REACH のシステムに包含されるべきであるとし，欧州委員会に対し2001年末までに，その趣旨の提案を提出することを求めている。これは，REACH の範囲を著しく広げるものになる。

　さらに，理事会は，EU 域外で製造された製品も EU 内で製造された製品と同じ扱いが為されるべきだと主張している。この主張が認められれば，EU 内で，知られておらず，且つ登録もされていない物質が，EU 域外で製造される製品に使用される場合，REACH の範囲に含まれることになる。EU 域外のこれらの製造業者は，REACH に規定されるリスク評価義務を履行する責任を負うことになる。これは，危険とみられる物質やその物質を含む製品の輸入禁止及び販売規制に繋がる恐れが出てくる。

　また，理事会は，製造業者，使用業者及び販売業者に，製品の中に含まれる化学薬品の内容，その危険及びリスクに関する包括的な情報を提供させるとともに，それに応じて製品に表示させる一般的義務も課すことを求めている。産業界は，このような要求は，まったく機能しないものであるばかりでなく，消費者によりよく情報を伝えることにも役立たないと危惧している。

2 化学物質規制

　欧州議会は，2001年末に白書について議事を行った。議会の意見を作成したのは，スウェーデンの「緑の党」の議員である。彼女は，まず，生産量が1トン以下の物質にも登録の範囲を広げるべきであるとし（このことは，原則として，全ての化学物質が登録されることを意味している），産業界が行うリスク評価は，別個独立して査証されるべきとした。また，子供の取り扱いについても，リスク評価は，標準の大人を基準とするのではなく，健康への影響試験により特別に配慮されるべきとしている。

　この理由は，子供はこれら物質の影響を強く受けやすいことを挙げている。製品にふくまれる化学薬品とその表示についての理事会提案に繰り返し同意するとしている。また，大きな懸念がある物質の承認は，期間を限定すべきとした。（このことは，これらの物質については，承認のための再申請が定期的に必要となることを意味している。）また，動物試験は，出来るだけ控えるべきであるとしている。しかし，彼女の提案の幾つかは，議会全体で支持されているわけではない。議会の最終意見は，閣僚理事会の立場と幾つかの側面で呼応してはいるが，白書は，やや穏健であるという考え方に立っている。

　ブラッセルに本拠を置く在欧日系企業ビジネス協議会（JBCE）は，日本企業の下流使用業者に対しREACHの落とし穴と危険につき注意を喚起している。JBCEは，欧州で活躍している日本企業を代表しており，その構成企業の数社は，電気・電子機器の製造業者であり，化学製品の下流使用業者となるわけである。この中で，新しい装置や製品を開発し販売しようとする高度に技術先進的な企業は，競争上，不利な立場に追い込まれると危惧している。先進的な製品の開発には，新しい製品の要求を満たす必要がある。これはしばしば，新しい製品の要求に従い新規の化学製品の需要を生み出すことになる。

　もし，REACHが，白書に記載されるように機能するならば，先進的な製造業者は新しい物質の試験やリスク評価に一層の責任を持つばかりではなく，既存物質の新しい意図しない使用にも責任を持たねばならない。これは，技術の進歩を阻害する恐れがある。JBCEは，この様な不均衡を正すために多くの提言を行っている。下流使用業者は，物質が通知されたとき，物質の製造業者が本来，意図していない又は予想もしていな

い使用を行う場合，当該物質の使用についてリスク評価を行う責任がある。

その結果，物質の製造業者は，当該物質の用途を出来るだけ限定して登録することが利益になる[33]。それ故，JBCE は，新しい法制の中に，化学製品の可能な使用について出来るだけ申請させる義務を製造業者側に課す規定を含めるべきと提言している。物資の特定の使用方法が化学製品製造業者により合理的に予想されることが証明できれば，下流使用業者が支出したリスク評価費用を当該化学製品製造業者が償還する義務を負う仕組みを補完すべきとの提言もある。また，JBCE は，新規物質や用途についてのリスク評価を共同で行うことを容易にするルールを呼びかけている。これは，新しい物質の評価を競争業者が行うまで待とうとする所謂ただ乗り業者の行動を防ぐ上でも必要となる。

③ 白書が与えるであろう影響の一例

ひとつの具体的なケースが現在行われている政策提案の実際的な影響を示すことに役立っている。あるテレビ及びモニター製造業者は，独占的に特別仕様のテレビとモニターを限定数だけ製造しようとしている。既に設計された新しい外観は，特別な，且つ新種の色をテレビとモニターの枠に使っている。製造業者は，特別な色と新しい添加剤が必要となる枠の製造を進める為，特殊化学薬品の製造業者とコンタクトした。

しかしながら，この特殊化学薬品業者は，（注文を受ける予定の）新規の化学薬品の生産量では，必要とされる試験のコストを回収するには少な過ぎるとの危惧を抱き（注文に応じることには）消極的である。もし，この製造業者が添加剤として使うことのできる既存物質を探しあてたとしても，当該既存物質の添加剤としての使用が，物質の本来の意図された用途のひとつであることを立証する必要がある。

もし，これができないなら，業者自ら，この物質の試験をしなければならない（その為のコストを支出する必要がある）。それだけの価値があるかどうか決断しなければならない。この一連の高価格かつ特殊設計のテレビとモニターの製造を開始することは，採算が合わないということになるかも知れない。

2 化学物質規制

下記の "real life" の例は，下流使用業者にとり心配を与えることになるものである。米国の自動車メーカーであるクライスラーは，(もし，完成製品の中に含まれる化学製品が，REACH の範囲に包含されるとした場合) 欧州で車を売る前に，353の化学製品を全て登録しなければならないと予想している。

④ 欧州委員会の検討過程

欧州委員会は，論争のある事項をより深く検討する幾つかのワーキング・グループを構成した。ワーキング・グループは，同委員会が法制の作成作業にあたり，問題のあらゆる側面を考慮する目的で報告している。

個別のワーキング・グループの検討項目として：製品と最終製品：規制当局の可能な役割：化学産業の技術発展の可能性に与える新しいシステムの影響がある。

⑤ 白書の履行に関連する問題

幾つかの問題点は，今までの章で既に説明してきた。しかし，それらの問題点をグループに分けて総括することは有用である。これらについては，利害関係者も欧州委員会も，立法提案の準備の過程で十分な検討に値する批判として理解している。

下流使用業者は，現行の法的枠組みの下では，化学製品のリスク評価に通常，責任を負っていない。彼等は，今，化学製品及びそれらを含んでいる製品の安全性につき責任を持つべきといわれている。彼等が関与せざるを得ない理由のひとつは，下流使用業者は，暴露データを入手し易いと思われているからである。

しかし，最近利害関係者のセミナーで，欧州委員会は，下流使用業者が関与する影響に不満足であった。同委員会は，この点につき詳細な検討を行っている。これに関連して，白書は下流使用業者をどう定義するかにつき明確な示唆をしていない。全ての製造工程を通し，たとえば，物質の製造業者は誰か，下流使用業者としてはどの業者を指すのか不明確である。

白書の提案の幾つかの側面は，国際的な影響を持つ問題である。例え

ば，OECD や ICCA のような国際組織は，既に一群の化学物質の評価を行っている。(例として，生産量の多い化学物質) これらの評価が異なった方法で行われたとしても，その結果が考慮されるのであれば，無駄な努力（動物実験を含め）は避けるべきだろう。

また，別の国際的な問題としては，REACH が国際貿易規則と抵触していないかという点がある。欧州委員会は，白書の中で，新システムは，輸入製品を差別することはないと言明しているが，EU 域外の製造業者は，REACH の履行は，事実上，貿易上の技術障壁になると危惧している。

欧州委員会は，閣僚理事会及び欧州議会から REACH の範囲に最終製品を入れるべきだという圧力にさらされている。最終製品は，言葉として最も広い範囲に於ける製品を意味する(例えば，TV 受像機から繊維製品，プラスチック風船又は灰皿まで)。最終製品は，原則として，危険物質を取り扱う立法の枠組みには含まれていない。それにも拘わらず，時々，リスク管理処置の中に含まれる（例えば，アスベストを含む製品)。REACH の中に，最終製品に含まれる化学製品を持ち込むことは計り知れない大きな影響をもたらすことになろう。理事会は，特に，EU 域外で製造された最終製品の中で，REACH で知られていない又は登録されていない物質を含んでいるものの取り扱いに注目している。

新規の物質の製造業者（またはその新しい用途で使用する下流業者）が，物質のリスク評価や登録を，競争業者が責任をとりコストを負担して行うまで待つことを避けるため，これら業者が共同して，リスク評価を行うシステムを組むよう提言されている。これは，リスク評価に関連するコストを業者間で分担しあうことを認めることである。また，これに関連する問題として試験データの所有権の問題も解決する必要がある。

3 大気質および排気ガス規制

(1) はじめに

環境法制一般について，なかんずく大気質および温室効果ガス法制に関して，EUは世界の主要なリーダーであり，貿易ブロックのひとつと考えられている。EUは，この分野において1970年代および1980年代初期に法制化に乗り出していた。最初の段階では，全体としての取り組みは散発的であり，調整がとれていなかった。これは，今，EU政策の優先度と，目標を定める二つの広範な行動計画の採用とともに次第に変化してきている。

大気質の改善および排気ガスの削減処置についての政策分野は極めて広く，数多くの立法化された文書，または立法されていない文書から構成されている。本章は，これらの政策の各々または全てを説明しようとするものではない。本章の目的は，EUの政策の目標を概観し，それらが広範な影響を与えるもの，革新的なもの，または日本企業に直接インパクトをもたらす故に特別な関心があると思われるいくつかの特定な政策（立法化されているもの，および立法化されていないもの両者）についてある程度詳細に説明することである。

本章の前半の部分は，大気質についての規則に主に焦点をあてる。後半部分は，排気ガスの削減処置を取り扱う。

(2) 大気質と温室効果ガス削減対策

大気質を改善するための手段と温室効果ガスを削減するイニシアティブを区別することから始めたい。

大気質の対策は大気，即ち我々が呼吸している空気に放出される特定の汚染物質の排出を減らし，できれば除去することを求めている。たとえば，自動車の排気ガスは人間の健康および環境に害を与える多くの汚染物質（そのうちのあるものは極めて微量であるが）を含んでいる。かつ

第4章　EUにおける環境法の最近の動き

て，内燃エンジンの円滑で効果的な動きが改善されるようにと，自動車燃料は鉛を使用していた。現在，鉛は大変有毒性があるということが明確に立証されている。それ故，自動車燃料への鉛の使用が原則禁止されている。

　大気質の対策は，特定の化学物質の排出を狙いとするか，狙いとする化学物質を排出している特定の排出源（たとえば乗用車または発電所）に適用するかのどちらかである。鉛の一般的な使用禁止は実行不可能と思われるだけでなく，望ましくないともいえる。鉛の本来の有毒な成分が露出された時，即ち，人間や動物または植物が鉛の有毒な成分に晒された時にのみ害を与えるのである。水晶のワイングラスに鉛を使うことは安全であり，有毒な成分に晒されることはない。

　温室効果ガスの排出を削減させる方策は，現時点では，6つの特定物質を対象としている。二酸化炭素を含むこれらの物質は地球を温暖化させるものであるとされている。しかし，二酸化炭素は，生活の一部を構成しているため禁止することは不可能である。なぜなら，我々が呼吸している大気中に存在するものだからである。二酸化炭素は，光合成として知られる植物にとっては重要な生成過程でもっとも基礎的な構成物質である。

　それにも拘わらず，化石燃料の燃焼が顕著に増加したことにより過剰な二酸化炭素が排出されることになった。温室効果ガスの排出削減を狙いとする方策は，二酸化炭素の排出を主要な狙いとしている。他の温室効果ガスも，その程度は極めて少ないが，標的とされている。たとえば，メタン，（笑いのガスと称される）亜酸化窒素およびFガスといわれる3つの種類のフロン（クロロフルオロカーボン類）である。

(3)　大　気　質

　ここでは，空気の質を改善するため長年取り組んできたEUのイニシアティブを説明する。特に，大気の質を改善させる枠組み，その枠組みに関連する指令および自動車からの排気ガス問題に焦点をあてる。また，本章は現行の対策を整理し，まだ為されていない残りの分野を標的とす

3 大気質および排気ガス規制

ることを狙う"Clean Air For Europe (CAF)"と呼ばれる新しい包括的・調整的プログラムを最後に説明することとする。

① 最初の対策

1980年代の初頭,大気に放出される汚染物質の異なった期間にわたる平均値を規定した3つの指令が発効した。承認された平均値は,鉛,硫黄酸化物,(使用が)中断されている粒子および窒素酸化物[34]についてである。これらの指令は,各加盟国に向けられたものであり,各加盟国は,各国での実際の値がこれらの平均値を上回らないように必要な対策をとることが期待されていた。

しかし,いつものように例外は可能であった。たとえば,加盟国は,実際の値が平均値を上回っている,または,上回りそうな地域を特定できるであろうし,このような場合,平均値を下げるための対策計画をEU当局に提出することを当該加盟国は求められていた。これら3つの指令の構造は完全なものとはほど遠いと考えられていた。とくに重大な欠陥は,大気質についての値を測定する明確な,あるいは疑念のない規定がないという事実である。(大気質を)浄化するという計画の提出も部分的なものであり,それらの計画を提出した加盟国も必ずしも(この問題を)真剣に考えてはいなかった。

② 枠組みと関連指令

1996年,欧州委員会は大気質についての枠組みに関する指令(枠組み指令)[35]を採択した。この指令は,今までの3つの指令の狙いと方法を基礎にして,それを改良したものである。当初,この指令は,各加盟国の具体的な行動を伴うものではなかった。具体的な行動は,枠組み指令の原則を特定物質に適用するための関連指令が採択されてからであった。たとえば,枠組み指令は,一定の条件を満たせば大気質の規制値を超えるような特定物質の許容値(許容の幅を認める)の採用を認めているが,もし,加盟国が特定物質の規制値を超える地域のクリーン・アップ(浄化)計画を承認した場合,当該加盟国は,その進行状況につき欧州委員会に連絡しなければならない。

第4章　EUにおける環境法の最近の動き

　必要があれば，警戒値（Alert thresholds）が採用される。これらの値（警戒値）は，ごく短い期間であっても，人間の健康に直接危険を及ぼすレベルで設定されている。もし，警戒値を超える場合，当該加盟国は，即座に対策をとらなければならない。一例を挙げるならば，オゾンの値は，通常，オゾンの集積が進んでいる夏の間に測定される。時により，一般の人々にも警告が出されることがある。オゾンの集積が長く続く場合，交通制限が出されることもある。

　最初の関連指令[36]は1999年に採択された。この指令は，大気質について硫黄酸化物，窒素酸化物，その粒子および鉛の限界値（規制値）を規定しており，従来の3つの指令に徐々に置き換わるものである。たとえば，硫黄酸化物につき，この指令は連続3時間にわたり1立方Mあたり500マイクログラムを警戒値としている。また，粒子については，最も大きい粒子の分類（すなわち10マイクロ・メーター）でのみ規定されている。

　また1日の規制値は，1立方Mあたり50マイクロ・グラムとされているが，年間で35倍を超えないものとされている。この関連指令の規定は，従来の3つの指令が遭遇した問題を避けて規定されている。たとえば，火山の爆発とか強烈な風のような自然災害の結果によってもたらされた場合（例えばサハラ砂漠から欧州大陸に運ばれる微細な砂の例）を除き，各加盟国は，大きな基準値にしか対応しないと予想されている。

　2000年に承認された第二の関連指令[37]は，ベンゼンおよび一酸化炭素の規制値を規定するものであり，ベンゼン規制値については，2010年までに，また一酸化炭素については2005年までに達成しなければならない。これは，ベンゼンで70％，一酸化炭素で30％の削減を意味している。欧州議会は，2004年の本指令の見直し時に考慮される修正案に，これら2つの化学物質の密閉された空間での測定を要求している。

　第3の関連指令[38]は，オゾンを扱っており，2002年の初頭に承認された。この指令は，厳格な規制値ではなく目標値を規定するものである。オゾンは，基本的な汚染物質（硫黄酸化物，窒素酸化物および揮発性有機化合物を含む）の化学反応（主に太陽光により反応）を通して形成される二次的汚染物質である。オゾンは，基本的な汚染物質ではないため，各加

3 大気質および排気ガス規制

盟国がこの問題に直接取り組むことは難しいといえる。この指令は，8時間あたり，平均して1立方Мあたり120ミリグラムを2010年までに目標値とし，年間25日以上この数字を超してはならないという中間の規制目標を設定した。1時間の平均値についての警戒値も設定された。

欧州委員会は現在大気質の枠組み指令で対象となった残りの汚染物質についての提案を提出することを検討中である。具体的には，カドミウム，ニッケル，水銀および芳香族系炭化水素類についての提案を近日中に行う予定である。これらの物質についてのドラフト提案は，1立方Мあたりナノグラム換算で数値が設定されるような厳しい規制値が含まれるであろうし，水銀については，規制値がなにも設定されないであろう。

③ 加盟国の国別排出規制

2001年末までに各加盟国に4つの大気汚染物質の年間排出規制枠を設定する新しい指令が承認された。この指令の主要な狙いは大気質の改善ではなく，酸性化，窒素化をもたらし，地表でのオゾンの先駆けとなる汚染物質の排出制限である。酸性化は酸性雨という話題で人々によく知られている。また，高レベルの窒素が窒素化を引き起こす。窒素化合物（窒素酸化物およびアンモニア）は，自然または人口の肥料として重要な役割を果たしているが，非常に多く土壌に含まれる場合，野菜栽培に悪影響を及ぼす。

すでに説明した様に，オゾンは，その先行物質である硫黄酸化物および窒素酸化物により形成される。これら3つの問題は密接に関連している為，この指令で取り扱われることになっている。硫黄酸化物，窒素酸化物，揮発性有機化合物およびアンモニアの最大排出規制枠は年間あたり何キロトンで表され，かつ各加盟国別に設定されている。それらは，2010年までに遵守されなければならない。

国別排出規制枠および大気の質についての値を企業との関連でみれば，企業は，対象とされている物質の排出量の大幅削減を達成するため，EUおよびとくに各加盟国を主導している。特定の製品群または，（産業プラントの様な）排出源に対して適用される具体的な対策がすでに実施され

第4章 EUにおける環境法の最近の動き

ている。以下の部分でこの点にふれる。

④ 自動車からの排出

　EUは，1970年に自動車からの排気ガス規制[39]に乗り出した。しかしながら，当初，この過程は，環境汚染にたいする懸念から進められたのではなく，EU内での自動車の自由な取引を妨げない形で，排気ガス規制の技術障壁を取り除いていこうという努力を通してであった。エンジンの中で燃焼しなかった炭化水素や一酸化物が最初に標的とされた汚染物質であった。窒素酸化物のような他の汚染物質は排気ガス削減標準に徐々に組み込まれ，最大排気ガス規制値はより厳しいものとされていった。

　排気ガス削減標準は現在継続して見直しが続けられている。適用の範囲は乗用車から軽商業用車，重量トラック，モーターバイク，3・4輪車，および芝刈り機や農業用機械のような，いわゆる"非道路用輸送機械"にまで拡大されている。この結果，新たな要求をもった新指令が着実に制定され，また現行指令を修正する指令も提案されている。これらの指令の大多数は自動車の型式承認規制の枠組みの一部である。また，この枠組みは極めて広範なものであるとともに，自動車のすべての部品などを事実上規制する大変詳細な一連の技術標準である。

　上記の新指令および修正指令の提案過程で起きた画期的な事件は，1998年に2つの重要な指令，すなわち，自動車排気ガス指令（Motor Vehicle Emissions Directive）[40]と燃料の質についての指令（Fuel Quality Directive）[41]が採択されたことであった。これら2つの指令は，自動車および石油産業と専門科学者との数年にわたる緊密な協力の結果である。この協力は，Auto-Oil1プログラムとして知られており，1992年に設けられた。

　このプログラムの重要な狙いは，2000年および2005年までに達成されることが要求される詳細な標準の確立を可能にするためであった。Auto-Oil1を通じ適用された重要な原則のひとつはコスト効率であった。これらの標準は，自動車および石油産業に相当なコストを発生させることなくして達成されるように設定されていた。標準はただ目標だけを規定す

3 大気質および排気ガス規制

るものであり，その目標を達成する為に使われる方法や技術については規定されていなかった。これは，製造業者が最も適切と考える技術を開発する選択を残しているためである。

燃料の質についての指令は2000年までに達成すべき石油およびディーゼル燃料の詳細な規制値を規定している。燃料の中の成分や付加剤の規制および燃料のその他の特性の規定はエンジン内部の燃焼過程に直接の影響を与え，その結果排気にも影響することになる。この指令は原則として鉛の使用を禁じ，硫黄（触媒コンバーターの使用に影響を与える）の量を制限するとともに酸化剤（エンジンの走行を改善する）の量を規制している。より多くの規制値が2005年に規定されることになっている。

自動車排気ガス指令は，普通乗用車および軽商業用車の新車について，炭素酸化物，炭化水素，窒素酸化物および粒子についての2000年および2005年の最大排出量を規定している。

Auto-Oil2 は，Aut-Oil1 を引き継いだものである。それは，2000年に締結され，その目的は，燃料の質に関する指令および自動車排気ガス指令でオープンとされていた標準に存在しているギャップ（これは2005年用の仕様書からなる）を埋めることであり，同時に2005年以降達成される新標準の採用にむけ基礎を築くものであった。

<u>二酸化炭素の排出を削減させるための任意協定</u>

自動車の排気ガスに関する欧州政策の第二の主要な要素は1998年に欧州委員会と欧州自動車製造業者協会との間で締結された乗用車からの二酸化炭素の排出を削減する任意協定である。1999年には，ほぼ同じ内容の二つの協定が欧州委員会と日本および韓国自動車製造業者協会との間で締結された。

これらの協定はいくつかの面において画期的なものであった。これらの協定は，この種の問題に通常，意思決定権をもっている2つの主要な欧州機関，すなわち，欧州議会と閣僚理事会の参加なくして交渉されたものである。そのため，特に欧州議会は民主的な権利と権限を腐食させるものだとして猛然と抗議した。だが，任意協定は，厳格な立法上の要

求を避けるため，自動車産業にとり賢い方法であると多くの人にみられている。

協定の中で（"コミットメント"と呼ばれているが）自動車メーカー側は新規に市場に投入される車の二酸化炭素の平均排出量を2008年までに1キロメーターあたり140グラムに減少させることを約束した。これは，欧州議会および閣僚理事会が要求していた120グラムまでという削減量よりは少ない。1998年以降，欧州委員会から毎年発表されている中間結果では，欧州の自動車製造業者は2008年に140グラムというゴールを達成するために必要とされている目標に向け，順調に作業を進めているとしている。

日本の製造業者についてのデータによれば，彼らは，着実に削減しているが，そのスピードは速くない。言い換えれば，日本業者が2008年までに140グラムの目標を達成することはかなり難しいと見ている。韓国の業者についての中間データは，大幅な削減は進んでいないとしている。閣僚理事会および欧州議会は，もし中間結果により2008年までの目標の達成が難しいと考えられる場合は立法提案を行うよう欧州委員会に要求している。最初の主要な中間評価は2003年に提出される。

これらの任意協定は，（人々の）関心をより小型の燃料効率のよい車に移行させた。トヨタ等の日本の製造業者は，通常の内燃エンジンと電気（バッテリー）エンジンを両用するハイブリッド車という進化したエンジンを開発している。

⑤　**静止（非移動）型排出源からの排出**

汚染物質の目立った排出源は，所謂，静止型の排出源である。発電所，化学工場または石油精製施設のような大型工場・施設であり，エネルギー使用の重要な部分を占めている。欧州の法制は，大規模燃焼プラントとして知られるこれらの設備については，別の規則で管理する領域であると認識している。たとえば，これらの設備は硫黄酸化物の半分以上，窒素酸化物の約四分の一の排出量を占めていると算定している。

これらの設備に関する規則は1988年[42]に最初に承認された。新しい指令は2001年に承認され，いくつかの汚染物質[43]の新排出規制値を規

3 大気質および排気ガス規制

定している。この指令では新期の工場と既存の工場では（規制値に）異なった取り扱いをしている。"新規"の工場とは，1987年7月1日以降にオリジナルの操業許可を貰ったものを指し，"既存"の工場はそれ以前に許可を取得したものをいう。1988年に承認された最初の大型燃焼プラントについての指令以前に操業していた工場に対し，当該指令による規制値を規定することは，同指令に遡及効をもたせることを意味する。一見すれば，このことは法的期待性の原則といった欧州法の確立された原則に反するように思われる。なお，同指令の妥当性につき欧州裁判所で争われているかどうかは明らかではない。

大型内燃プラントの排出規制値は，硫黄酸化物，窒素酸化物，および粉塵毎に規定されている。それらの規制値は，使用される燃料の種類（固形，液体またはガス）に応じて異なり，またプラントの能力に応じても（メガワット換算で）異なっている。現存するプラントは2008年までに規制値を達成しなければならない。

EU は，また，廃棄物の燃焼炉からの排出につき規則を制定している。この規則は，とりわけ，重金属（カドミニウム，鉛等），粉塵およびガン化の恐れがあり，ならびに有毒なダイオキシンやフロンの排出規制値を規定している。ダイオキシンおよびフランについては 1 平方Mあたり 0.1ナノグラムの厳しい値が決められている。

これらの設備からの排出物に影響をもつもうひとつの指令（IPPC 指令としてよく知られている）は，統合汚染予防管理に関する指令である。この指令は，各加盟国に個々の施設に一定の基準に従い排出規制値を課すことを認めるものである。規制は，大気だけでなく，必要があれば，水質および土壌も含むことができる。

(4) おわりに：Clean Air for Europe

上述した大気の質への広範な対策は方針が異なっていても，多くの共通点があるということを示している。多くの同じ汚染物質が別の方法では規制の標的とされてきた。このことは，明らかに調整が必要なことを示している。更に，最近のデータによれば，最も害のある汚染物質の排

出量の削減が大幅に進んだことが示されている。あるケースでは，10年から20年の期間に，全体の90％が削減されている。

しかしながら，これは，更なる努力が必要ではないということではない。示されていることは，更なる削減は難しくなってはいるが，よりコスト効率よく，適切な方法で削減することが必要であるとしている。このことは，Clean Air for Europe（CAF）[44]を推進する上で考慮されるべきである。

CAFの目標は以下の点である。
1）現在のすべてのものが必ずしも遵守されているとはいえないため，現行の大気質についての指令の履行と効率性を見直すこと。
2）大気の質について監視のレベルを改善すること。
3）更なる行動のための優先性を決め，発展させること。

多くの努力と関心が上記3）の目標に注がれている。これは，大気質についての指令の中で予見されている見直しの為であるといえる。大気質についての二つの関連指令は，2003年および2004年に各々見直される。また，各国別の規制枠についての指令は，2004年に見直しが必要となっている。そして，大型内燃プラントの指令も2004年に見直しの対象となる。これらの指令は明らかに密接に関連しており，調整的に見直すことは意味のあることとなる。

更なる行動のために優位性が既におかれている二つの分野は粒子とオゾンである。Auto-Oil2は，もっとも有害と分類される非常に小さい粒子（2.5PMまたは0.1PM）の取り扱いにつき，現行の規則は全体として不正確であると指摘している。これらの微粒子はより深く肺に入り込むので，おおきな粒子よりも遥かに有害である。これらの粒子については，それらに晒された場合，いかなる安全基準の設定も効果がないと思われる。これらの粒子は車や内燃プラントから排出されるだけではなく二次的汚染物質であるということにもよる。また多数の排出源があるため，より厳格な調整も必要となると思われる。オゾンについてもこれに類似した理由により優先的な対策が望まれる。

3 大気質および排気ガス規制

(1)　COM（2000）347, 13/6/2000; OJ C365E, 19/12/2000, p. 184
(2)　Directive 85/339, OJL 176, 6/7/1985
(3)　Directive 94/62, OJL 365, 31/12/1994
(4)　Directive 91/157, OJL 78, 26/3/1991
(5)　Directive 98/101, OJL 1, 5/1/1999
(6)　Directive 2000/53, OJL 269, 21/10/2000
(7)　欧州委員会だけが新たなEU法を提案できる唯一のEU機関である（提案権）。前月号の国際商事法務「EU環境法の新展開：法源，目的および原則」（第一回）の解説記事を参照されたい。
(8)　一般機械，圧縮機器，エレベーターなど。
(9)　2000年6月までの間に一定の利害関係者に回覧された非公式な草案は5件あるが，そのいずれもが統一的な指令をつくるという考え方であった。
(10)　しかし，欧州委員会はこの原則の厳格な適用を必ずしもいつも行っているわけではない。その理由は，ペンタクロロフェノール（Pentachlorophenol）に関するデンマークとドイツの完全禁止（この物質を含むすべての製品がデンマークとドイツに輸入されることを禁止することになった）を認容したことによる。
(11)　この規定はEC条約第176条に実際規定されている。
　　―第175条に基づき採用された保護政策は，いかなる加盟国に対しても，より強固な保護政策を維持するか，あるいは導入することを妨げるものではない。かかる政策はこの条約と矛盾してはならない。それらは欧州委員会に対して通知されるものとする。
(12)　2000年5月10日付，つまり欧州委員会が2000年6月に二つの提案を提出する1ヵ月前の非公式草案では，欧州委員会は依然として第175条を唯一の法的根拠として利用していた。
(13)　意思決定手続についての詳細は，前月号の国際商事法務「EU環境法の新展開：法源，目的および原則」（第一回）を参照されたい。
(14)　「みなしご」は直訳であるが，生産者が特定できない，あるいは生産者がわかっているけれども廃棄されて段階では生産者が何らかの理由で存在しない，たとえば破綻してしまったか，もはや親は存在しない製品についてどうすべきか，という点で使用されている（訳者柱）。
(15)　二つの指令は2003年の初め数ヵ月に欧州議会および理事会の承認を得られる見込みであり，その後二つの指令がEU公報に掲載されるであろう。
(16)　在欧日系ビジネス協議会（JBCE）はEUでビジネスをしている日系企業の利益を代表している。その加盟企業のいくつかは，電気および電子機器製品の製造業者である。
(17)　危険物質の分類，包装及び表示に関する法律，規則及び行政規定の調整

第4章　EUにおける環境法の最近の動き

についてのDirective67/548/EEC；OJL 196,16/8/1967以降の改定を含む。
(18) 既存物質のリスクの評価及び管理に関するRegulation（EEC）793/93；OJL 84, 5/4/1993
(19) ある種の危険物質および調合（品）の販売と使用の制限に関する各加盟国の法律，規則並びに行政規定の調整についてのDirective76/769EEC；OJL262,27/9/1976以後の改定を含む。
(20) 危険な調合（品）の分類，包装及び表示に関する法律，規則及び行政規定の調整についてのDirective1999/45/EC；OJL200, 30/7/1999.この指令は，前のDirective88/379を廃棄し，置き換わるものである。
(21) 全世界で知られている化学製品の総数から判断して，物質のこの"高い"数字は，幾分想像しえるものと言える。化学抜粋サービス（Chemical Abstracts Service）は，少なくとも1回でも科学文献に記載された物質に登録番号を与えている。1998年の終わりまでに，1,600万以上の物質が登録番号を与えられている。
(22) Council Regulation793/93に基づき予想される優先物質の第一回リストに関するCommission Regulation1179/94；OJL 191, 26/5/1994。
　　このリストには。ベンゼン，フェノール，いく種類かのファレート（phthalates），スチレン（styrene），アクリルアミデ（acrylamide）等が含まれている。
　　優先物質の第二回リストに関するCommission Regulation2268/95；OJL231, 28/9/1995。このリストには，亜鉛，3種類以上のファレート，クロフォーム（Chloroform），ノニールフェノール（nonylphenol），トルエン（toluene）等を含まれている。
　　優先物質第三回リストに関するCommission Regulation143/97；OJL25, 28/1/1997。このリストには，カドミウム，ニッケル，メチル・テルトーブチル・エーテル（MTBE）を含まれる。
　　優先物質第4回リストに関するCommission Regulation2364/2000；OJL273, 26/10/2000。このリストには，カルシウムフッ化物及びアルミニウムフッ化物が含まれる。
(23) 危険物質の分類，包装及び表示に関する加盟国の法律，規則及び行政規定の調整についてのDirective1999/45/EC；OJL200, 30/7/1999
(24) 技術標準及び規則の分野での情報提供の為の手続きを規定するDirective98/34；OJL204, 21/7/1998
(25) これらの基準は,Directive67/548に従い通告された物質の人及環境に対するリスク評価の為の原則に関するCommission Directive93/67/EECに規定されている。；OJL227, 8/9/1993
(26) PCB（ポリクロリネッテド　ビフェニールズ）に関する禁止は，全体にわたっている。この禁止処置は，Directive76/769を通じて直接課される。

3 大気質および排気ガス規制

(27) 例えば，難燃剤トリス(2, 3ヂブロモプロフィール【2, 3Dibromopropyl】) フォスフェート（phosphate）は，肌に触れる繊維製品への使用が禁止されている。その他の禁止処置は規定されていない。Directive79/663/EEC；OJL197, 3/8/1979。

(28) Commission Directive93/67に規定されている標準とルールは，遵守されるべきである。

(29) よく引用される興味ある例として，もし，Kg単位で消費されるならば，塩や砂糖もケニド（cyanide）やスチリニン（strychnine）のミリKgの使用と同様，致死の効果がある。換言すれば，物質の毒性効果は，かなりの程度，それらの使用の程度（量）により決定されると言える。

(30) Commission Regulation1488/94は，Regulation793/93に従い既存物質の人及び環境に対するリスク評価の為の原則を規定している。

(31) Directive93/67に記載されている。

(32) COM（2001）88；16/02/2001

(33) 現在，55の使用分類がある。この分類は，肥料から，吸収剤，添加剤，反凝固剤，着色剤，溶解剤，安定剤又は軟化剤に及んでいる。

(34) 次の指令が規制値を規定している。
Directive80/779，Directive82/884およびDirective85/203

(35) 大気質の評価と管理についてのDirective96/62：OJL296

(36) Directive1999/30：OJL163

(37) Directive2000/69：OJL313, 13/12/2000

(38) Directive2002/3：OJL67, 9/3/2002

(39) Directive70/220：OJL76

(40) Directive98/69：OJL350, 28/12/1998

(41) Directive98/70：OJL350, 28/12/1998

(42) 大型内燃工場から大気に放出されるある種の汚染物質の排出量規制に関するDirective88/609：OJL336

(43) Directive2001/80：OJL309, 27/11/2001

(44) 欧州委員会からの通知：The Clean Air for Europeプログラム：COM（2001）245, 4/5/2001

第5章

EU 環境問題の最近の動き
地球温暖化対策についての欧州（特に英国）の最近の動きおよび EU 環境法制に対する産業界の取り組み

［三浦哲男］

1 環境税導入の動き

(1) 統一環境税の導入を見限った EU

地球温暖化に対する組織的な取り組みは，1992年のリオデジャネイロでの第三回国連環境会議（気候変動枠組みに関する）が出発点であった。それを受けて，1997年に開催された京都会議で，EU は CO_2 等の温室効果ガスの排出量を1990年レベルより 8％削減することを約束した。EU 全体としてみれば，2000年レベルで CO_2 排出量は，1990年に比較して3.5％下回っているが，1999年からは排出量が僅かながら増加する"反転現象"が起きており問題視されている。

したがい，上記の約束の達成には，種々の対策が必要となるが，税制上の対策も重要な選択肢となる。しかし，EU は，1994年に検討中であった炭素・エネルギー新税構想を事実上，放棄し，各国に環境税対策を委ねるという方向をとった。"事実上"という意味は，欧州委員会は，

第5章　EU 環境問題の最近の動き

　1992年に炭素・エネルギー税導入に関する指令案を提案しているが，理事会への提案の過程で，同税の導入の条件として"OECD 各国が同様な内容の税の導入または処置をとること"を挙げている。

　実は，OECD 加盟国の中で，EU 内の数カ国（オランダ，デンマーク，スウェーデンおよびフィンランド）とノルウェーは，同種又は類似の環境税を1990年代初期に導入済みであり，イタリアは1999年炭素税を，ドイツもエネルギー税という形で，1993年に導入している事情がある。ただ，オランダを除けば，各国とも CO_2 の発生源に賦課される炭素税とエネルギー消費をベースとするエネルギー税との調整が極めて複雑であり，EU の新税構想とは異なる内容となっている。

　EU 指令案は，課税のベースを炭素部分とエネルギー部分に分け，各部分に50％の比重で税を賦課しようとするものである。一方，EU 域外の国と比較したとき，経済ブロックとして最大のライバルである米国は，京都議定書を未だ批准しておらず，炭素税に代表される環境税の考えに反対している様にみえる。また，後段で触れる英国は，積極的に京都議定書にコミットメントしているが，温暖化防止の為，CO_2 等の温室効果ガスの排出量削減にあたり炭素税，エネルギー税等の環境税単独での対応策ではなく，課徴金（一種の環境税），再生エネルギー源の利用および CO_2 排出権取引を組み合わせて活用するという形態での複合政策で CO_2 等の排出削減を試みている。

　この様に，EU は，加盟国個別の環境税政策が先行し，EU 全体としての統一政策をいまだ見出していないというのが現状である。いや，方針は打ち出してはいるが，加盟各国の調整が極めて難しいというのが正しい言い方であろう。

　EU は，ローマ条約締結以来，人・もの・金の自由化を進めるとともに，マーストリヒト条約により共通通貨の導入へ道を切り開いてきた。残された経済政策上の最大の壁は税の問題であるといわれている。環境税問題は，環境政策の問題であるとともにすぐれて課税政策の問題でもある。EU は，京都議定書での CO_2 等の排出削減の義務を自らが負い，その為の加盟各国間の調整手段としての EU バブルを認めさせている。いわば，環境政策としての共通の足場作りは行ってはいるが，それを実

現する具体的な手段としての税制の面では，各国の厚い"主権の壁"に阻まれているというのが実態であろう。

ただ，勿論，各加盟国が独自の環境税の導入等により温室効果ガスの削減を実施することによってEU全体の排出削減義務を実現する方向を模索しているということになる。次節では，上述した様に他の政策と組み合わせることにより，環境税を効果的に温室効果ガス排出削減に結びつけようとしている英国のユニークな試みを検討しながら，欧州の環境税政策のあり方を探っていきたい。

(2) 英国の画期的な気候変動プログラム

英国政府は，EUの国連会議（京都議定書）での温室効果ガスの排出量を1990年レベルより2012年までに12.5%削減するとのコミットメントと並行し，化石燃料の燃焼により発生する炭素ガスであるCO_2を2010年までに20%削減するという野心的な目標を設定した。その目的の為，2000年11月，英国気候変動プログラム（UK Climate Change Program）を創設した。同プログラムは，下記3つの仕組みから構成されている。

— 2000年財政法（Finance Act 2000）に基づく，気候変動賦課金（Climate Change Levy-CCL）の新設。
— 2000年動力施設法（Utility Act 2000）に基づく，再生エネルギーの義務（Renewable Obligation）の設置。
— 温室効果ガス排出権取引制度の創設。

① 気候変動賦課金——Climate Change Levy（CCL）制度

この制度は，2001年4月に発効し，エネルギー事業に賦課されるものである。この賦課金については，1999年4月の英国政府による提案以降，産業界と議会内の環境保護派議員による激しいロビー合戦が展開されてきた。税制の変更は，燃料価格および電力・ガス価格という形で物価に重要な影響を与える為，政治問題となったのである。

CCLは，CO_2の発生源である炭素化合物に対する炭素税ではなく，エ

第5章 EU環境問題の最近の動き

ネルギー税としての性格を有するものであり，且つ，エネルギー消費者に賦課される点に特徴がある。また，CO2を発生させるエネルギーと発生させないエネルギー源についての区別もない。一方，徴税の方法として，若干の例外を除き，エネルギー供給者が徴収する形態をとっている。尚，EUの政府助成策（EU State Aid）についてのEU当局（担当は競争法部門であるDG4）との調整は難航したが，政府助成策のガイドラインを修正する形で決着した経緯がある。

この賦課金を巡る争点としては，以下の諸点が挙げられてきた。

（ⅰ）　基本税率（政府案は，当初案より税率を下げている）
（ⅱ）　部門共同協定（Climate Change Agreement）による適格基準の拡大と控除率の拡大（通常税率の80％まで軽減することを認める）
（ⅲ）　燃料価格引き上げ制度の廃止
（ⅳ）　熱電併給施設（CHP）への税適用免除（CHPとしての認定要件あり）

ここで，CCLの骨子を纏めてみたい。
- 施行時期　　　　　2001年4月1日
- 課税対象（料率）　電力—0,0043ポンド／KH当たり
　　　　　　　　　　ガス—0,0015ポンド／KH当たり
　　　　　　　　　　液化石油ガス—0,0096ポンド／Kグラム当たり
　　　　　　　　　　石炭・コークス類—0,0117ポンド／Kグラム当たり
- 納税者　　　　　　課税対象の消費者（供給者ではない）。但し，納税方法としては，供給者が徴収する。
- 納税免除及び税率低減

(A)　部門共同協定による。税率低減は，"Energy Intensive Installation" と認定された施設に適用される。——同協定の適用を受ける施設又は企業は，DETR（環境・運輸・地方省）の承認を得る必要がある。本協定に該当する場合，通常税率の20％となる。

尚，部門共同協定は，(1) DETR大臣と対象となる各施設の代表との間で直接締結される場合と(2) Umbrella Agreementと称されるDETR大臣と各産業団体(Trade Association)間の包括契約およびそれに基づくDETR大臣と各個別企業との特定履行契約（Underlying Agreement）の組み合わせからできている場合とがある。Umbrella AgreementとUnderlying Agreementの両者でカバーされる部門共同協定の場合，Umbrella Agreementに基づく産業レベルでの目標が達成されなかった場合，Underlying Agreementに基づく個別目標が審査されることになる。

(B)　CHPに対する免税処置
　DETRの定める品質確認プログラム（Quality Assurance Programme）の条件を満たす必要がある。

(C)　再生エネルギー（Renewable Energy）に該当する施設は，免除される。
　　——これに該当する施設として風力，地熱，小規模水力，潮力，廃棄物利用等の設備が挙げられる。

(D)　公共交通設備（鉄道，バス，船舶等）での使用は免税となる。

　英国に進出している製造業者への影響はどの様になっているのであろうか。直接的には，使用する動力コスト（電気料，ガス代等）の増大に繋がっている。間接的には，電力を大量に使用する原材料メーカからの調達品価格の増大が考えられるが，これらの供給業者は，上記の協定により税減免の対象となっている為，大きな影響はないと考えられる。
　そこでは，製造業者が，Energy Intensive Installationとして税の減免の恩典を受けているかどうかチェックする必要があることになる。

② **再生エネルギー制度**
　この制度は，2002年4月1日に発効した再生エネルギーの義務に関する命令（The Renewable Obligation Order 2002 ——"Order"）により始動し

第5章　EU環境問題の最近の動き

た。Orderは，1989年電力法の32条および32条(C)に基づき出されたものである。制度の趣旨は，英国（正確にはイングランドおよびウェールズ）の資格ある電力供給者に供給電力量の一定割合を再生エネルギー源より供給することを義務付けるものであり，2010年までにその割合を10%超とするものである。

　尚，政府により認定された再生エネルギー源より供給される電力については，2000年財政法（30条およびSchedule6）により，CCL（気候変動賦課金）が免除される。本制度の概要を以下に説明する。

（i）　制度の概要

　再生エネルギーの義務の履行は，2種類の証書，即ち，再生義務証明書（Renewables Obligation Certificate-ROC）および気候変動賦課金免除証書（Levy Exemption Certificate-LES）の発行を通じて行われる。これらの証明書は，総合エネルギー管理庁（OFGEM）より，該当期間（通常4月1日より1年間）経過2ヶ月後に発行され，OFGEMに登録される。

　各電力供給者は，義務期間終了時に再生義務を果たしたことを証明する為，ROCをOFGEMに提出する。各電力供給者は，前年の再生義務量の25%までは，ROCを購入することができる。このメカニズムはやや複雑であるが，まず，発電業者は，電力供給者に対し，電力の販売時にROCおよびLESを同時に売却することができる。ROCは，その後，電力の販売と独立して取引することが可能となる（但し，OFGEMに登録している業者に限定される）。LESは，単独で売買することはできない。上記の再生義務の証明にあたり，電力供給者が義務履行を証明するのに必要なROCを提出することができない場合，Orderに規定されるBuyout PriceでOFGEMに支払わなければならない（1 kWhあたり3ペンス）。

（ii）　認定再生エネルギー源

　法令上の明確な定義はないが，風力発電（陸地および沖合）潮力・波動発電，下水ガス，10MW以下の水力発電等が含まれると解釈されている。OFGEMは，認定再生エネルギー源より電力が供給されていないと判断

1 環境税導入の動き

するならば，ROC を撤回する権限をもっている。通常，この撤回手続きは，ROC が取引された後に行われる可能性があり，電力供給者は十分な配慮が必要となる。

(ⅲ) OFGEM による手続き

【1】 まず，発電業者は発電所（設備）が認定再生エネルギー源であることを OFGEM に認証（Accredited）してもらう必要がある。認証を得ることがグリーン・エネルギー（ROC を伴う電力の売却）供給の条件となる。

【2】 発電業者は，各月初めに認定再生エネルギー源と認証された発電所（設備）からの発電量を測定し，OFGEM に報告しなければならない。

【3】 OFGEM は，再生エネルギー源からの発電量に対し，1 MWh 単位で上記の報告2ヶ月後に ROC および LEC を発行する。

【4】 ROC の取引は，OFGEM に登録（Register）される。

【5】 電力供給者は，毎月の購入済みの LEC の数量及び LEC の番号を OFGEM に報告しなければならない。

【6】 電力供給者は，毎年6月20日までにイングランドおよびウェールズの顧客への電力販売高を貿易産業省（DTI）に通知するとともに，同年8月7日までに OFGEM に同内容のデータを提出しなりればならない。

【7】 電力供給者は，毎年10月1日までに再生義務を達成したことを示す為の Compliance Report（購入した ROC および上記（ⅰ）の不足金の支払い額を含め）を OFGEM に提出する必要がある。

第5章　EU環境問題の最近の動き

【8】 OFGEMは，毎年12月1日までに，Buyout資金総額の一定部分を再生エネルギーを購入することにより再生義務を達成した各電力供給業者に支払う。これらのBuyout資金の配分の詳細は毎年3月1日までにOFGEMの報告書に記載される（これは（Buyoutによる）不足金の支払いよりも再生エネルギーの購入（ROC取得による）を促すための処置である）。

(ⅳ)　制度の問題点

この制度は始まったばかりであるが，幾つかの問題点を検討してみたい。

【1】　ROCの市場性

　どの程度のROCが発行されるか。また価格はどうなるか現状では予測しづらい。仮に，ある企業が上記の不足金を支払わねばならない状況になれば，比較的に安い価格でのROCを他企業との長期契約と引き換えに購入することも検討するだろう。つまり，Buyout価格をベースに決まる不足金の水準がROCの取引価格の上限になるとの予測も成り立つ。ただ，取引が十分に機能するほどのRegisterをOFGEMが確保できるかどうかもひとつの鍵となる。更に，ROC市場に流動性があるか未知数であり，新電力市場（NETA）のもとでは，小規模電力業者はリスクに晒される可能性もあるといえる。

【2】　小規模電力供給業者への影響

　小規模な電力供給業者は，ROCやLECを購入する十分な資力があるか疑問である。特に，上述したようにROCは，再生エネルギー源による発電量の報告2ヶ月後にしか発行されない点は問題となる。

【3】　銀行による再生エネルギー・プロジェクトへの融資

　現時点までで英国内での融資が実行された再生エネルギー・プロジェクトは小規模のものであり，今後の対応を見続ける必要がある。

1 環境税導入の動き

【4】 技術面からの問題
　　たとえば風力発電は，安定的な再生エネルギー供給システムであるというにはまだ問題がある。大陸のドイツ，スペイン，デンマーク等の再生エネルギーの"熟練国"と比較しても今後の技術発展が必要と言えよう。

(ⅴ)　今後の展開
　エネルギー省は，2002年に産業界，労働組合および政府の代表で構成される再生エネルギー諮問委員会を設置し，再生エネルギーの研究開発，供給網の整備および基礎的な制度の構築を検討している。また，ノーフォーク州グレート・ヤーマスの沖合2.5kmにある Scorby 砂州に建設が予定される76MW の風力発電所（英国の電力会社 Powergen 社と北海油田業者 Abbot 社との合弁事業）プロジェクトは18の沖合開発プロジェクトの先頭を切って認められた再生エネルギー源となる。
　このように，問題点を抱えつつも京都議定書における英国のコミットメントを実行する為の有力な切り札となろう。

③　温室効果ガス排出権取引制度[1]
　英国の気候変動プログラムを支える3本目の柱が CO_2（温室効果ガスの中で圧倒的な部分を占める）の排出権取引の市場創設である。同国政府は，2002年4月英国排出権取引制度（Emission Trading System-ETS）を発足させた。排出権取引は，今までも，散発的には行われてきたが，制度として，且つ，温室効果ガス（Greenhouse Gas-GHG）を特定の対象とする取引市場の設立は，世界的に初の試みとなる。
　ETS の特色は，以下の如くであるが，その前に，簡単に，沿革と目的に触れてみたい。
　2001年8月，英国政府は，ETS の立ち上げにあたり，215百万ポンド（約400億円）の資金を投入すると発表，この制度への参加を促す為の Incentive Money を準備した。このスキームの下で，GHG を排出する英国の業者は，排出量の削減目標について入札に参加することができる。入札成功者は，上記の資金からの割当金を受け取ることと見返りに削減義

第5章　EU環境問題の最近の動き

務（Emission Allowance という形で）を負うことになる。入札は，2002年2月に実施された。

ETSは，2つの目的を持つといわれている。即ち，①英国が推し進めている気候変動プログラムの一貫として行われていること，および②このETSを履行することにより，英国が，排出権取引市場で世界をリードする役割を担うことである。以下に主要なポイントをまとめてみたい。

（ⅰ）　任意参加

ETSへの参加は，任意であり，強制ではない。その意味で，税金，課徴金制度とは異なる。下記の直接参加の場合，入札成功者は，ETSの履行につき国務大臣（Secretary of State）と契約を締結することなる。契約上，削減義務を達成できない場合，罰金（達成できなかった程度に応じて）を支払わなければならない。

（ⅱ）　参加形態

原則として，下記2つの参加方式がある。

●直接参加方式

上記の政府助成資金を得る為に入札に参加した企業がこれに該当する。気候変動プログラムに基づく部門共同協定により既に包含されている発電所を除き，原則として，GHGを排出する業者は，参加資格をもつ。この場合の排出量削減は，1998―2000年の排出量に基づく。

●契約による参加方式

気候変動賦課金の80%減額の恩典と引き換えにGHGの削減につきState of Secretaryと契約を取り交わす。この方式の参加者は，約束した削減量を超える排出枠をETSで売ることも，不足分を買うことも可能である。

なお，Registry（登録）に取引口座をもつTraderは，削減義務を課されない。本スキームの下での取引口座を開設することをDETR大臣により認められることによりETSに参加することができる。

入札に関しては，英国政府は，取引開始価格は，CO2について1トン当たり100ポンドは超えないと説明している。対象となるGHGは，6種類の温暖化ガスであるが，上述した様に圧倒的な部分は，Carbon Dioxide (CO2) である。

(ⅲ) 排出取引枠

契約による参加者は，削減義務期間の各年の終了時において，削減義務量を超えて削減した部分を排出(取引)枠として受け取る。逆に，削減義務量未達成分については，該当未達分をETSを通じて排出枠を買い取らなければならない。直接参加方式による参加者には，入札に先立ち，2000年までの過去3年の実績に基づき決められる基準量 (Baseline)[2]に応じて削減義務量が設定される。

このBaselineは，当該参加者の業態の変化，例えば，合併，買収，企業分割，製造ラインの変更，外注等に応じて変わる。各参加者は，当該年の削減義務量超過分を翌年以降に繰り越すことが出来る。しかし，翌年以降の削減義務量の設定にあたり繰越した当該超過分を使うことはできない。

(ⅳ) ETSの期間

2002年1月1日から5年間。入札により各参加者に与えられる排出許可枠は，5年間に均等に割り当てられる。

(ⅴ) 罰　　則

罰則規定の導入は，今後2年以内に行われる。規定導入までの暫定期間には，下記の処置が適用される。

● 直接参加方式による参加者に割り当てられたIncentive Moneyの支払いが差し止められる。又は，
● 削減義務量の未達成分が次の年に繰り越される（次の年の排出許可枠から，上記未達成相当額が差し引かれる）。および
● 削減義務の未達成企業を公表する。

● ETS（5年間）終了時に削減義務を達成することができなかった参加者は，受け取り済みの Incentive Money を返却しなければならない。

なお，導入予定の罰則規定の考え方は，削減義務が未達成の参加者には，所定の罰金（未達成の CO_2 の1トン当たり20ポンド），又は，不足分の排出枠の購入にあたり，市場平均価格の2倍相当分，どちらか高い額を支払う。

(vi) 登録（Registry）と取引口座
参加者は，登録にあたり，取引口座を開設しなければならない。排出権取引は，ETS 参加者間又は，Registry に取引口座を持つことを認められた Trader との間で行われる。取引口座の開設についての詳細規定は，まだ整備されていないが，DETR 大臣は，自己の判断で，開設を認めることができる。当該取引き口座の所有者が，ETS の規則に違反した時，又は破産等の場合，DETR 大臣は，同口座を差し止める権限を持つ。

(vii) リーガル・フレーム
直接参加方式による ETS 参加者は，Incentive Money の割り当てに当たり，当該取引規則を遵守する旨の契約を DETR 大臣と締結する。口座の開設を認められた Trader も同様な契約を締結しなければならない。

ETS の仕組みは，上記の通りであるが，ETS は，あくまで，気候変動プログラムの一環として CO_2 を中心とする温室効果ガスの削減目標を達成する仕組みとして創設されたものであり，排出権取引のプラットフォームや取引所そのものではない。従って，たとえば，電力取引市場（Power Exchange）のような取引現場の早期の実現が急がれる。

2　EU の排出権取引への取り組み

1997年末に締結された京都議定書は，温室効果ガス（GHG）の排出削

2 EU の排出権取引への取り組み

減に向け3つのメカニズムを導入した。すなわち，

① 共同実施（Joint Implementation），
② クリーン開発メカニズム（Clean Development Mechanism）および
③ 排出権取引（Emission Trading）である。

EUは，京都会議で温室効果ガス（GHG）の8％削減（1990年を基準に2008年―2012年の5年間を目標とする）に応じた。温室効果ガス（GHG）には，CO_2，メタン，亜酸化窒素，HFC（ハイドロフルカーボン），PFC（パープルオロカーボン）及び六フッ化硫黄があるが，このうちCO_2が圧倒的な部分を占めている。

この目標を達成する為，EUは，加盟各国に排出量削減の具体策を示す必要がある。EUの中では，英国とデンマークが排出権取引に向けて既に動き出している。勿論，炭素税を始めとする環境税制の導入は，この削減を実現する上で，効果はあるが，より即効的且つ具体的な排出削減対策として排出権取引は極めて直接的な効果をもつものといえる。EUは，当初，排出権取引は排出量削減の実質的な対策を避ける米国の考えであるとの理由で採用に消極的であった。

しかし，2008年までに国際的な排出権取引制度を確立するとの京都議定書の計画に合わせ，遅れ馳せながら，2001年10月温室効果ガス取引の枠組確立の為の指令の提案（"枠組指令案"[3]）を発表した。EUは，枠組指令案にしたがい，排出権取引制度を，京都議定書で予定される2008年に3年間先立ち，2005年1月からスタートさせることとした。EUの狙いは2005年―2008年という"先行期間"にできるだけ排出権取引に習熟することで，国際的な排出権取引をリードしたいとの思惑がある。

枠組指令案によれば，この指令で対象となる施設（事業所等）を有する事業者は，担当当局にCO_2の排出許可を申請する。EU加盟各国は京都議定書に基づく各国別排出削減目標にしたがい一定量のCO_2排出の排出許可枠を許可とともに申請者（施設を有する企業）に供与することになる。各事業者は，与えられた排出許可枠の制限内でCO_2の排出を行わねばならない。

第5章　EU環境問題の最近の動き

又，各事業者は，余った排出枠（排出許可枠より実際の排出量が少ない場合）を翌年に繰り越すことができる。もし，事業者が削減目標を達成することが出来ない場合，加盟国内外の他の事業者から排出枠を購入しなければならない。排出枠は電子的に記録されて追跡されることになる。本指令案は，現時点では温室効果ガス（GHG）全てではなくCO_2のみを排出権の枠組の対象としている。

この点については，欧州議会にも批判の声が強く，欧州委員会は，CO_2以外の温室効果ガス（GHG）にもこの枠組を拡大すべく作業中である。この制度のもとで排出物をカバーするのに必要な排出許可枠を達成できなかった事業者は罰金を支払わねばならない。閣僚理事会の政治的な合意（後段で説明する）では，排出許可枠を超える二酸化炭素につき1トンあたり2005年—2007年が各年につき40ユーロ，それ以降100ユーロの罰金となる。

本指令案は，2002年10月，欧州議会での第一回読会にて幾つかの修正の後承認され，EU環境閣僚理事会に回付され，●初期段階（2005-2008年までに期間）における適用除外，●排出許可枠の配分，●施設（事業所等）間のプーリング等の問題点を盛り込み，欧州議会の第二回読会に再回付され，欧州委員会，閣僚理事会および欧州議会の協議を経て，2003年7月22日に最終的に合意が成立している。最終的な指令は，同年10月くらいには公表されることとなっているがまだ掲載されていない（同年10月14日現在）。ただ，暫定的な指令は正式なものではないが，EUのホームページ上には掲載されている[4]。

この制度を確立する上で最も議論された点のひとつは制度の適用除外である。この点については，欧州議会，閣僚理事会および欧州委員会の意見は異なっていた。現時点での理事会および議会の考えは各加盟国が2005年—2008年の間，施設または事業分野のどれを適用除外の対象とするかを決定できる（ただし，各加盟国は排出削減の十分な努力とその報告義務を負う）としているが，欧州委員会は，ある加盟国が特定の事業分野を適用除外としてしまえば，他の加盟国も，競争力を維持するためにそれに従うことになり，その結果，排出権取引が妨げられるとの懸念を

2　EUの排出権取引への取り組み

もっている。現段階では，化学およびアルミニウム産業が適用除外となっているが，欧州議会からは，この撤回を求める動きが出ている。

又，指令案によれば，排出許可枠は2005年—2007年の間，無償で施設（事業所等）に与えられることになっている[5]。この理由は域内市場の保護にある（ある加盟国が排出許可枠を入札し，他の加盟国は入札を行わないという不公平な競争状態を引き起こさない配慮のため）。また，現時点で排出許可枠（の値段）を確認することができないことにもよる。2008年から2012年の間に，欧州委員会は最初の期間で得られた経験にもとづき，排出許可枠の配分につき調整方法を明らかにするが，当面は各加盟国に委ねられることとなるわけである。

欧州議会と閣僚理事会の現在の合意では，2005年— 2007年（所謂，初期段階）の間，排出許可枠は無償で，2008年以降は少なくとも90％が無償で割り当てられることとされた（排出許可枠の総量はEU提案別表Ⅲに規定される）。

更に，特定事業分野における事業者間での排出許可枠のプーリング（特定業界の事業者間で排出枠割当につきTrusteeを指名し取引上のプールを設けることができる。現時点では，その期間は2012年までとされる）については，排出権取引制度に一定の柔軟性を与えるものと評価されている。しかし，一部には，プーリングは，その閉鎖性が取引の障害となるとの指摘もあり，欧州議会と理事会との調停に委ねられる。

もうひとつの大きな課題は，京都議定書で認められた共同実施及びクリーン開発メカニズムで得られたクレディットをEU排出権取引に取り込めるかという点である。欧州議会の一部には，原子力プロジェクトからのクレディットや森林開発による二酸化炭素の貯蔵といった考えに反発する動きがある。しかし，EUおよびその加盟国は京都議定書の批准をおこなっており，欧州委員会は上記メカニズムを取り込む方向で作業を進めている。

提案中のEUの排出権取引制度は，現時点では世界でも最大のものである。EUの拡大に伴い，この制度は30カ国（EUの新規加盟国およびノルウェー，アイスランド及びリヒテンシュタインを含む）を包含し，京都議定書が機能を発揮する前に，より大きな取引制度としてのブロックを構成

第5章 EU 環境問題の最近の動き

することになる。EU 指令案第24条は，温室効果ガス（GHG）につき第三国との排出許可枠の相互承認の協定を締結することができるとしているが[6]，欧州議会は，第三国へのプレッシャーを維持していくためにも，上記の第三国との相互承認協定は各加盟国の批准が条件となると主張している。

さて，ここで英国の ETS との関係について論じてみたい。

英国は，産業界が2005年までに排出権取引の経験を得るため政府の財政的支援のもとに2002年に任意の取引制度を導入している。英国の制度が任意の参加を前提としているという事実は，英国が EU の取引制度に参加していく上で問題となろう。この点を除けば，EU の制度は英国の制度と若干異なってはいるが，予測しえる有用な制度と評価し得る。英国の制度は出来たばかりであり，断定的な意見を言うにはまだ早すぎる。

しかしながら，英国の制度が EU の傘の下に入る2005年までは，その制度の発展を見守る必要がある。英国政府は，制度スタート数ヶ月後に報告書[7]を発表し，その中で，取引に要する費用は予想された二酸化炭素の抑止の効果に比較して少なくて有効であるとし，取引の活動を一層強化したいとしている。英国の制度は，今後 EU のルールに適合するように修正されるものと見られる。

英国の制度に参加していない企業は2005年以降，EU の制度に加入し，既に英国の制度に参加している企業は後で加入すると思われる。英国の制度と EU の制度との相互作用に関連して，英国サセックス大学より提出された報告書は，英国は，EU の制度がどういう形になるのかにつき十分には予想していなかったと示唆している。

最後に，EU は京都議定書において EU 全体として8％の温室効果ガス（GHG）の排出削減を約束している。これを受けて，EU の各加盟国は削減負荷分担協定（Burden Sharing Agreement）を締結し，EU の削減義務8％達成の為，各国毎の割当を行っている。各加盟国別の割当量にしたがい，各加盟国の事業者は，他の加盟国の事業者と排出許可枠の取引を行うことが可能となるわけである。

尚，日本企業におけるこの排出権取引についての現状については，第7章で説明することとする。

3　EU環境法制に対する産業界の取り組み

(1)　加盟国政府の取り組み

　WEEE（電気および電子機器廃棄物に関する指令）およびRoHS（電気および電子機器の有害物資の使用制限に関する指令）は，2003年2月13日に発効した。これにより，上記発効日より1年半後，即ち，2004年8月13日までに各加盟国はこれらの指令を実施するための国内法制の整備を迫られている。

　各加盟国政府は，上記指令の趣旨および内容を具体的に実施する上での問題点をまず把握した上で，効率的かつ実行性のある法制を纏め上げる必要がある。ここでは，EU加盟国のなかで，同指令への対応は比較的遅れてはいるが，積極的に産業界の意見を取り入れようとしている英国の例を取上げ，加盟国レベルに於ける上記2指令の履行上の問題点と産業界側の対応を検討してみたい。

　英国政府は，上記2指令の発効を受けて，国内法制化のタイム・テーブルを作成し作業を進めている。早速，2003年3月28日にDiscussion Paper（Paper）を発表，電気電子機器の製造業者，輸入業者，販売業者，地方公共団体，廃棄物処理業者，産業団体等の利害関係者に対し，

① 両指令の趣旨を周知させるとともに，
② 政府としての実行上の選択肢（options）を示した上で，
③ 各利害関係者の意向を問う形態をとっている。

　同政府はPaperを産業界，企業，消費者団体等の利害関係者との協議過程（Consultation Process）の一環であると位置付け，彼らとの意見交換を通し，法制化を進めていく方針を明確に示している。

第5章　EU 環境問題の最近の動き

Paper で取り上げられている WEEE の重要項目，その中で特に，在英の日系企業にとって関心の高い，分別回収，再資源化および廃棄物の費用負担（家庭用および産業用）並びに RoHS に規定される有害物質の含有量の取り扱いについて検討してみたい。

【1】　分別回収（Separate Collection）

同政府は，英国が既に WEEE が各加盟国に義務づけている1人あたり 4 kg の廃棄物の回収[8]を実現している事実を踏まえ，現在の回収メカニズムを継続し，今後の廃棄物の増大には，必要な新たな手法を付加していく方向を選択しようとしている。同政府は新たな手法は，各々単独で，または組み合わせで実施する方針である。その手法は以下の通りである。

① 　小売販売店（Retailer）による店頭または新規製品搬入時の回収。
② 　地方政府当局の公共サイトでの分別コンテナーによる回収。
③ 　地方政府当局による道路わきに設置された場所での回収（これは，Retailer に引き取り義務を免除するとの引き換えに，彼らの資金負担で行われることになる）。
④ 　ボランティアによる回収。
⑤ 　駐車場等に設置するコンテナーに持参する形態での回収。
⑥ 　Retailer を経由しない直接販売の場合，生産者に引き取り義務を課す形態での回収。

英国政府は，その他，Retailer に回収税を課したり，上記③で述べた資金負担を法制化することも検討の視野に入れるべきであるとし，幾つかの Options を示した上で，利害関係者に以下の質問を提示している。

[1]　Retailer の引き取り義務を満足させる最善の方法は何か。
　　― WEEE は，Retailer やその他販売業者に，消費者が新規の製品を購入（既存の製品との交換で）した場合，無償での同等品（交換した製品）の引き取りを要請するとともに，新規製品の納

3 EU環境法制に対する産業界の取り組み

入時の交換品の回収を求めている。

[2] 回収義務を上記当事者以外の誰かに負わすべきか。
— 廃棄物の回収に関与する当事者として WEEE は，一般家庭，事業用使用者，Retailer，生産者，地方公共企業体等を挙げている。

[3] 回収義務を達成するために上記（①～⑥）のどの方式（Mechanism）がいいと思うか。又，もし特定の方式を選択した場合，そのコストの見積もりも提出して欲しい。
— 上述したように，英国政府は，既存の回収システムで原則的に対応できると確信している面もあるが，今後の新たなる事態にどう対応するか利害関係者の意向に注目している。

[4] 再使用するためにはどのように回収すべきか。
— 分別回収した廃棄物の再生・再使用は WEEE の究極の目標であるが，法定される再生率・再使用率を達成していく方策（例えば，後述する環境設計等）についての質問である。

【2】 再資源化

WEEEは，各生産者に各自が回収した廃棄物の再資源化を義務づけているが，英国政府は各生産者による再資源化作業のモニタリングには費用もかかり実務的に困難な点が多いと判断し，現行の廃棄物施設による再資源化を出来る限り推進し，その財政負担を生産者に課す方針を打ち出している。同政府は，廃棄物の再資源化の重要性を十分に理解している。この問題の難しい点は，WEEE が規定する再資源化率，再生および再使用率をどのように評価・測定するかにある。同政府の示している考え方を示すと次の通りである。

① 市場占拠率をベースとして各生産者が費用負担する方式がある。WEEEは電気電子機器の廃棄物を下記の10カテゴリーに分類してい

るが，各生産者は各々カテゴリーの中で該当する製品の市場占拠率に従って再資源化の費用負担をおこなう。

・第1分類　　大型家電機器（洗濯機，冷蔵庫等）
・第2分類　　小型家電機器（トースター，アイロン，ヘアー・ドライヤー等）
・第3分類　　ITおよび通信機器（パソコン，複写機，携帯電話等）
・第4分類　　一般家電品（テレビ受像器，ビデオ等）
・第5分類　　照明機器
・第6分類　　電動工具（芝刈り機，ドリル等）
・第7分類　　玩具，娯楽・スポーツ器具（ビデオ・ゲーム機等）
・第8分類　　医療機器
・第9分類　　計測機器
・第10分類　　自動販売機・支払機

② 各生産者が，独自に各自の機器を回収し，再資源化する方式がある。
　上述した様にどのようにモニタリングするのかという問題点がある。英国政府は上記方式を推進してはいないが，WEEEの規定はこの方式を排除していない。

③ プロトコール方式と呼ばれる方式がある。
　産業界の支持を受ける方式である。機器に使用される材料毎に業界側と環境当局がプロトコールに合意する方式で，再資源化施設の負荷（Load）の一定の比率を電気電子機器廃棄物とみなし，更にそれらの廃棄物を一定の割合で3つのカテゴリー群（上記カテゴリー1＆10，カテゴリー3＆4およびカテゴリー2，5，6，7＆9）に分類するものである。これら3つのカテゴリーは，再資源化率が各々80，75および70と若干異なっている（カテゴリー8については，特別な処理が行われるという前提で上記3のカテゴリーに含まれていない）。

英国政府が問題にしているもうひとつのポイントは，機器全体の再使用を優先させるWEEEの規定である。この規定には目標値が設けられ

3 EU環境法制に対する産業界の取り組み

てはいないが,EUとして強く推進する方針となっている。同政府の現時点での考え方は柔軟であり，全ての機器でこの方針を進めるのではなく，例えば，比較的小型の機器（電卓，電動歯ブラシ等）は再生の方が，環境へのいい影響があるとの判断に立っている。

これらの前提に基づき，英国政府の利害関係者への質問は以下の通りである。

［1］ 再資源化および再生率を順守させる効果的な方式として，プロトコール方式以外の方式があり得るのか。
［2］ プロトコール方式を効果的に履行する方策はあるか。
［3］ プロトコール方式を採用した場合，どれだけの期間で見直しが必要になるか。
［4］ 部品の再使用はどの様に測定するべきか。
［5］ 機器全体の再使用はどの様に測定されるか。

【3】 廃棄物の費用負担

英国政府は，費用負担の方法についても柔軟な姿勢でWEEEを履行しようとしている。

WEEEのポイントは，
① 2005年8月13日（各加盟国の国内法の発効日）までは，生産者が回収地点以降の電気電子機器の廃棄物の回収，処理および再資源化（Recovery）の費用を負担する。
② 上記日以降，市場で販売される製品については，生産者が上記廃棄物の費用を個別または集団的（共同で）に負担する。
③ 上記日以降，市場で販売される製品については，生産者は"財政上の保証（Financial Guarantees）"を提供する。
④ 上記日前に市場で販売された製品については，生産者は，廃棄物の費用を割合（たとえば，市場占拠率）に応じて負担する。
⑤ 上記日前に市場で販売された製品の廃棄物の費用を，同指令発効後8―10年の間，新規製品の販売時点で，消費者に開示する（製品価格の中で）ことができる（所謂"Visible Fee"の考え方）。

第5章 EU環境問題の最近の動き

　この様に，WEEEの履行上の具体的な方式は幾つかの重要な点につき，各加盟国に委ねられている。WEEEの内容については，第4章で解説しているが，履行上の問題点として英国政府が挙げているポイントを整理してみたい。

　① 生産者が廃棄物の費用を負担する場合の方法として，各生産者が個別に行うか，集団として負担するかという問題がある。個別負担方式は，各生産者が独自の工夫をして，回収，処理および再資源化が容易となる努力をおこなう点が評価されているが，実務上，各自の製品の追跡が難しい。

　同政府は，ドイツおよびオーストリアにおける"使用済み自動車に関する指令（ELV）[9]"の履行方式を例に挙げ，標章や型式等で識別する方法で各生産者が自らの製品の廃棄に責任をもつ方式も検討すべきとしている。別の方式として共同負担の形態がある。この場合，各生産者の負担は，各々の市場占拠率をベースとする方法が通常とられる。

　英国政府は，市場占拠率による共同負担方式が個別負担方式より望ましいものとしているが，同時に，その問題点も指摘している。例えば，"ただ乗り（Free-rider）"である。一時的に市場に参入する業者が廃棄物の分担費用を払わないという問題であるが，後述するFinance Guaranteesを導入することにより防ぐことも可能となる。

　更に，"みなしご製品（Orphan Product）"の問題がある。要は，既に市場から撤退してしまった業者についてはどういう形で負担をさせるかという点である。同政府は，この様に，幾つかの問題点を指摘しつつも，原則的に市場占拠率を基準とする共同負担方式を導入し，例外的に個別の生産者が廃棄物の回収，処理および再資源化のネット・ワークを整備するのなら，個別負担方式を選択できるOpt-Out方式も付加すべきとの提案を行っている。

　② 次に所謂"Visible Fee"の問題がある。WEEEは，2005年8月13日前に市場で販売された電気電子機器の廃棄物の費用につき新製品の販

3 EU 環境法制に対する産業界の取り組み

売時に販売価格に目に見える形で上乗せすることを当初の8—10年間だけ認めている。勿論、これは強制ではなく、上乗せすることもできると規定しているだけである。これをどのような方法で行なうかは国内法制の問題となる。

英国政府による質問は以下のようなものである。
[1] 上記②の Visible Fee に関し、この方式を英国は導入すべきか否か。導入するとした場合,
● 誰が Fee を設定するのか。
● どの程度に Fee を設定するか。
● どの機器に設定するか。
● 機器から得られる資金を誰が管理・運用するのか。
など種々の問題が提起されている。

— メーカーや販売業者の立場からは、価格競争力をもたないメーカーや業者は Fee を上乗せすることに慎重にならざるを得ないし、業界が一律に Fee を決めることは、競争法上問題はないのか等の指摘がある。消費者側からは、この方式と生産者負担の原則との関係が問題とされるであろう。同政府としては、仮に、Visible Fee の方式を導入し、その資金を確保した場合の処理も重要な課題となる。

[2] WEEEは、2005年8月13日以降に市場で販売される電気電子機器の廃棄にかかる費用について、生産者に "Finance Guarantees" を要求しているが、どのような Guarantees とすべきか。
— 英国政府は確たる構想を持っているようには思えない。というのは、関連の質問の中に Guarantees は数種類の方式を認めるべきかという質問も含まれていることからも窺える。

[3] ただ乗りやみなしご製品を無くすための保証をどうするのか。
— 通常、メーカーや販売業者が機器を販売した時点で Finance

Guarantees をおこなう方式が考えられるが，上記［2］のどのような形態の Guarantees とするのかという点がポイントとなる。

［4］　英国内での WEEE の履行上，廃棄物コストをどのように負担するのか。
－　上記で指摘したように，生産者が負担するとして，どのような方式が効果的なのか，単に費用が確実に負担されるという視点だけではなく，回収・処理・再資源化が効率よく機敏に進められるという視点（例えば，Eco-Design（環境設計））が検討されなければならない。とくに，環境上の利点が最大になる方式が望ましい。
－　英国政府は，この質問に関連するポイントとして考慮すべき次の要因を挙げている。
●英国全体にとり最小のコストで行うこと。
●英国産業の競争力に最も影響を与えない方式であること。
●負担者に均等な形になること。
●行政手続が最も簡素な形態であること。

【4】　産業用廃棄物の費用負担
　一般家庭用ではなく，産業用として販売された電気電子機器の廃棄についての費用負担は EU 内では相当にもめたが，最終的には，以下の骨子で指令に盛り込まれた。
　①　2005年8月13日以降に市場で販売された電気電子機器の廃棄については，生産者が費用を負担する。
　②　2005年8月13日前に市場で販売された同機器については原則的に生産者が費用負担に応じるが，各加盟国は，同機器の使用者が当該費用の一部または全部を負担すると規定することもできる。
　③　生産者と産業用の機器使用者は，費用の負担につき別途の取り決めを行ってもよい。

　この様に，各加盟国は，かなりの裁量を与えられている事項である。英国政府は，生産者の費用負担は，機器の交換として使用者が購入する

3 EU環境法制に対する産業界の取り組み

(生産者側が新規の機器を供給する)場合に限定する考え方を示している。しかし，もし機器の交換が行われず，廃棄された場合，誰が廃棄にかかるコストを負担するのかという問題が発生する。そこで，このような場合の費用負担につき，同政府はひとつのOptionとして，機器の最後の所有者(通常は使用者)が廃棄物の処理と再資源化に責任を有するとの提案を行っている。

英国政府の質問も上記の交換することなく電気電子機器を廃棄する場合のコストに関するものである。即ち，「交換しないで機器の廃棄を行う当該機器の事業用使用者が機器の廃棄コストを負担すべきか。もし，負担しないとした場合，誰が負担すべきか。」

【5】 生産者の定義
WEEEは，生産者としての範囲を"自己のブランドで製品を製造および販売し，また自己のブランドで転売するものならびに自己のブランドで製品を輸入するもの"を指すとしている。WEEE第3条(ⅰ)の定義によれば，以下の行為をおこなう業者は，"生産者"とみなされる。
[1] 電気電子機器を自ら製造し，自己の商標で販売する。
[2] 他の供給者により製造された電気電子機器を自己の商標で再販売する。
[3] 電気電子機器を輸入して加盟国において販売する場合である。

これにより，購入者のブランドで製品を納入する，即ち，OEM製品の供給者は電気電子機器の廃棄物についての責任から免れることとなる。この点は日本のOEM供給企業にとっては朗報ともいえる。英国政府は，これ以外の電話，ファックスまたはインターネットによる注文(所謂"Distant Sale"の商取引)により製品が輸入された場合，誰が責任を持つべきか(誰が生産者となるか)につき利害関係者の意見を求めている。

【6】 有害物質の含有量
RoHSの中で最も争点となっているのは第5条の有害物質の含有量と

例外規定についてである。欧州委員会は電気電子機器に使われる特定の材料や部品に含まれる対象有害物質（鉛，水銀，カドミウム，六価クロム，臭素系難燃剤（PBBsおよびPBDEs））の最大許容量を中古車指令（ELV）と同レベルとする提案を行っている。この提案は，更に，"意図的に混入されたものでなければ，一定レベルの対象有害物質が許容される"旨の規定が含まれている。一方，第5条1(b)は，対象有害物質の排除や他の物質との代替が技術的または化学的に不可能であるか，望ましくない影響を与える場合，特定の材料および部品へのRoHS適用が免除されるとしている。

これを受けて，英国政府は以下の質問を行っている。

[1] 有害物質の最大許容量に対する欧州委員会の提案に同意するか，もし賛成できないなら代替案は何か？
[2] RoHS第5条1(b)の適用免除について，その他の考えられる場合を示して欲しい。

このように，WEEEおよびRoHSの具体的な履行について，英国は各利害関係者の意見・意向を踏まえつつ法制化を進めている。日本企業の欧州での活動拠点として重要な位置を占める同国の動向には十分に注意を払う必要がある。

(2) 産業界の対応策

英国産業界を代表する英国産業連盟（Confederation of British Industry-CBI）は，WEEEおよびRoHSの国内法制化の動きに呼応し，企業関係者の意見を集約する形での要望案（草案）を発表した。産業界側がどういう項目を問題視し，英国政府の対策を促がしているかを概観するとともに，上記の協議過程での問題点を検討していくものとする。

3 EU環境法制に対する産業界の取り組み

【1】 全般的なコメント

英国産業界は最大の懸念として，英国政府のWEEEおよびRoHSの国内法制化の柔軟性を強く求めるとともに，英国産業の競争力を維持することを念頭にEUの他加盟国も類似の法制化を行うよう英国政府に要請している。要は，同国の廃棄物処理の現状に則し，上記指令の趣旨を損ねない範囲で，より効率的でコスト・セーブの履行形態を法制化して欲しいという本音がでた内容となっている。以下，主要ポイントを個別に検討していきたい。

【2】 分別回収

この項目に関しては，Retailerの引き取り義務に触れている。Retailerの回収については，特定の方法だけを強制するのではなく，選択の余地を与えるべきであるとし，特に，店頭での廃棄物の強制的な引き取りは経済的にも，環境に与える影響の面からも望ましいものではないとしている。その理由として，危険な廃棄物の処理に熟練するために販売スタッフへの訓練が必要となること，引き取った廃棄物を貯蔵するスペースを確保する必要があるという点を挙げている。

具体的には，電気電子機器の種類に応じて，引き取りの方式が決められるべきであると提案している。一方，分別回収の施設は既に充分に機能しているとし，特に，地方政府のCivic Amenity Siteは，今後も分別回収の主要な役割を担うと結論づけている。ただ，事業者（生産者，Retailer等）の費用負担は，地方政府当局が回収した中央回収地点以降の過程をカバーすべきであると提案している。

【3】 再資源化

この問題については，特に電気電子機器全体の再使用が取上げられている。

CBIの主張点は，
① 機器全体の再使用はビジネス取引（B to B）に注力すべきである。その理由として，一般家庭用の機器は引き取られる時点で完全に使い尽くされているものが圧倒的であり，再使用に適さないだけ

第5章 EU環境問題の最近の動き

でなく,環境に害を与える恐れすらあることが実証されているとしている。
② ビジネス取引で引き取られた機器の再使用は,各企業の選択に任せるべきである。すなわち,上述した様にビジネス取引の引き取り機器は,再使用の対象ではあるが,現実には,部品の再使用や材料のリサイクルの過程に回されるだけではなく,地域社会,学校,起業者等に機器自体を使用に供して(中古品として寄贈)おり,各企業の選択に委ねるべきであるとし,機器全体の再使用の目標設定には反対の立場を鮮明にしている。
③ また,再資源化の施設が英国内には十分ではなく,事業者側は,再資源化が出来ない廃棄物の輸出を余儀なくされていると指摘している。たとえば,亜鉛・リチュウム電池の大部分は処理施設をもつ国へ輸出しているとしている。この点の改善をはかるため,英国政府にEU内での総合的な調整策を検討すべきだと提言している。

【4】 廃棄物の費用負担

CBIは,この問題は最も議論のある問題であるとしている。まず,2005年8月13日前に市場で販売された電気電子機器の廃棄物の費用については,個別ではなく,業者共同で負担されるとの指令の原則に関連して,市場占拠率を基準に負担が行われるという点については,関係業界との早期の協議が必要であるとしている。

また,2005年8月13日以降に市場で販売される新規機器の廃棄物の負担については,まず,第一に各生産者に集団的な共同負担を望むか個別に各自の方式により廃棄すべきかの選択が与えられるべきであるとしている。更に,機器毎の個別の事情が配慮されるべきであり,機器の種類に従って解決策を検討すべきとしている。その場合のポイントは,各機器の間で差別的な扱いがなされないことおよび事業者の競争が阻害されない点を充分に配慮することである。

一方,WEEEが要求する2005年8月13日以降の新規機器に対する生産者の"Finance Guarantees"については,検討すべき多くの問題点があ

るとし，特に，front payment（費用前払い方式）は再検討すべきとしている。更に，"ただ乗り（free rider）"の問題については，英国政府が防止のための規則を積極的に取り進めるべきであり，かつ，英国企業がこの問題で他国企業との競争力を弱めることがないようにEU加盟国間での調整をはかるべきであると要望している。

具体的な提言として，電気電子機器を市場で販売する全ての製造業者および輸入業者の登録制（ただ，CBIは，行政当局が登録システムを管理するとしても，その運用は弾力的なものとすべしと付け加えている）を導入すべきとし，未登録の業者の市場での販売を止めさせるべきであるとしている。このことにより，ただ乗りを減少させることができると説明している。

"Visible Fee"の問題については，WEEEも容認しているように，すべての事業者に強制するのではなく，選択の道を残すべきであるとしている。

【5】 有害物質の含有量

CBIは，有害物質の使用禁止と電気電子機器の再生・再使用の関係を問題としている。例えば，新製品が再生・再使用の材料と新規の材料とを混在して使用する場合（WEEEの要請により，一定の材料を再使用せざるを得ない），重金属に内在する有害物質をゼロまたは極めて低いレベルにすることは難しい。

再使用に付される材料を排除することは，資源効率の点よりつじつまの合わないやり方となる。だから，CBIは，中古車指令（ELV）と同様の最低許容値が設定されることが望ましいとしている。この点は，EUの新検討案に近い考えといえる。

(3) 欧州企業の対応と責任

生産者が使用済み製品の再資源化までの過程に責任を持つべきであるとする拡大生産者責任（Extended Producers Responsibility-EPR[10]）の考え方が欧州で急速に広まっている。生産者にこのような再資源化を求め

る責任論は EU 法制にいち早く取り入れられてきた。EPR は欧州企業にとって，どのような形態で展開されてきたかをここで検討してみたい。

　企業は自らが製造・販売した製品を回収・処理・再資源化することは当然とされるが，回収・処理を確実に行った上（ただ乗りやみなしご製品をなくす意味でも重要）で，できる限り多くの廃棄物を再資源として循環の流れを作っていくことが要請されている。再資源化の工程として，再生・再使用等の技術の向上は勿論，再生・再使用をし易い製品設計を生産段階からおこなうべきではないかとの指摘がなされてきた。WEEE は，再資源化を容易にする製品設計を積極的に"奨励する"規定を盛り込み欧州企業に履行を迫っている。

【1】　WEEE の考え方
　同指令は第4条で2つの基本方針を示している。即ち，
① EU 各加盟国は，当該国の生産者に電気・電子機器の設計および製造の段階で，特に，機器本体，部品および材料の再使用・再生において容易な形での解体や再資源化を十分に考慮するよう促がす必要がある。
② EU 各加盟国は，生産者が，安全上または環境保護の理由を除き，特定の設計や製法により再使用が困難な機器を生産しないよう適切な処置をとる，としている。

　WEEE の方針は原則的であり，具体的なやり方を各加盟国に委ねる形となっている。より具体的な規定は，今後の法制 (the End of Use Product Directive (EUPD)) を待たねばならない。ただ，上記②で述べた"安全上または環境保護の理由"は，企業にとっては一種の留保条件となるが，どのような場合が該当するかについては各加盟国政府と産業界との協議が重要となってこよう。

【2】　英国政府の Option
　同政府は，この規定が将来重要な意味をもつことをよく理解している。しかし，英国産業界，特に，玩具業界においては，幼児に対する安全対

策として解体し易い設計は製品設計上問題があるとしていることからも，上記の安全と環境保護は当該規定を履行していく場合の重要な留意点と考えている。

そこで，同政府は，産業界との協議で，できれば各製品の分野毎に，電気電子機器の解体・再資源化のガイドラインが必要であるとして，作成に乗り出す意向である。

ガイドラインの詳細は未定であるが，その骨子は，

① 使用するプラスティックの種類を出来る限り限定し取り外し易いものを使う。
② 製品設計上，有害な物質を使っている部品は見分け易い（カラー・コーディング等により）形にしておく等である。

更に，別のOptionとしては，現行の環境標準であるEMASやISO14000シリーズに加え新たなる環境標準の作成を目指すとともに，任意的ではあるが，良好な製品設計についての監査体制を整備していく。一方，輸入業者に対しても，市場で販売される機器の製品設計への配慮を要請し，任意的な方策で効果がなければ，上記の趣旨にそった形で輸入機器についての法制化を検討するとしている。

【3】 産業界・企業の対応

企業側もEPRを十分に認識し，再資源化の取り組みに乗り出している。例えば，欧州企業の中で，ヒューレット・パッカード，ブラウン（ドイツ），エレクトロスル（スウェーデン）およびソニーの4社は2002年12月，最初の汎欧州電気電子機器再生プラットフォーム（European Recycling Platform）を創設，各社の生産した電気電子機器の再資源化を開始した。

このPlatformは，3つの主要戦略を揚げている。すなわち，

① 加盟各国により実施されるEuropean Principle（個別生産者責任，歴史的廃棄物の財務負担，回収・引取義務およびただ乗り防止），

第5章　EU 環境問題の最近の動き

② Take-back-service-Supplier Management の確立，および
③ 欧州での環境技術のリーダーシップの達成である

　各社が単独で果たすべき個別の生産者責任を，企業連合を組むことにより集団的に行っていこうとするものであり，今後は，他社の機器の再生を引受けることにより事業化を目指していく予定である。
この場合の主要な事業目的は，

① 構成各社の個別の生産者責任を果たすこと。
② 歴史的廃棄物（2005年8月13日前に市場で販売に供される電気電子製品の廃棄物）の処理・回収についての財政的支援。
③ 廃棄物の回収と引き取り。
④ "ただ乗り"の予防

に置かれている。

　この種の企業連合方式については，EU 内に競争法との関係を問題視する動きもあるが，上記プラット・フォームは，この点を配慮し，2002年12月に EU 競争法当局に競争法適用除外の申請を行っている。企業の対応としての重要なポイントは，再生・再使用等の効果的な再資源化のプロセスを進めることに留まらず，最終的には，Eco-design（環境設計）が求められるのかという問題であり，もし，求められるとすれば，強制的な形が望ましいか，あくまで任意的な形態とするかという点にある。欧州企業としては，WEEE，RoHS 等 EU 環境指令が目指す方向を視野に入れ，独自にまたは他企業と共同して，EPR を進めていかざるを得ないし，企業のなかには，これをビジネス・チャンスと捉え積極的に再資源化事業を展開しようとするものもいる。
　この問題に企業が対応する上で，下記の点を検討する必要がある。

［1］　現在，EU 当局（欧州委員会）が準備中の EUPD の内容がまだ固まっていない。実は，この指令については，本来，生産者側に厳しい姿勢をとっている NGO 等の"環境保護派"から積極的な推

進論が唱えられていない。一見，矛盾しているようにみえるが，彼らの論理とすれば，環境設計が強制されれば，製品の標準化が一層進み，事実上の企業カルテルが容認されることに繋がらないかという危惧である。

しかし，産業界・企業側からすれば，法制により強制されるならば，企業が個別に対応するのには技術的・コスト的に限度があり，業界標準を設定するか，同種の企業間での共同設計の必要がでてくるのは当然であるということになる。

英国のCBIは，この問題について，上記の要望書の中で，英国政府は，EUPDがEU内で合意に達するまでは，製品設計に関し英国政府は具体的なアクションをとるべきではないと提言している。

[2] "環境設計"は強制されるべきものか。産業界・企業側の反応は"No"であろう。ただ，この点は複雑である。もし，回収，再資源化等の廃棄物にかかる費用が完全に個別負担の原則であるとすれば，各生産者は，自らの創意工夫による製品設計に一定の経済的インセンティブが働くことになる。もし，当該費用の共同負担が原則であれば，各事業者の意欲がそれだけ削がれる可能性がある。

本来，これらの企業活動は法制による強制ではなく，自発的に推進しうる仕組みが要求されることが望ましい。

[3] 一般的な対策ではなく，電気電子機器製品の特質に合わせた個別の対策が必要となる。例えば，WEEE第4条に規定される"安全と環境保護"の優先は，電気電子機器の各製品のもつ危険性や使用される材料・部品の有害性（勿論，RoHSの規定に従うことが前提ではあるが）を十分に配慮すべき事項となる。フロン・ガスを発生させる冷蔵庫の冷媒等は排除することは当然であるとしても，分解・取り外し易いという要因からだけでは製品設計を決められないのも現代の技術水準といえる。

要は，各製品の分野毎の分析・検討が必要となってくる。した

第 5 章　EU 環境問題の最近の動き

がい，業界の標準や環境当局主導のガイドラインを策定せざるを得なくなるとしても，それらは，電気電子機器全体に一般的に適用されるものではなく，製品分野毎のものとすべきであろう。

(4)　EU で活動する日系企業の意見

現在欧州において進行している環境問題に対し，日系企業としてどの様に考え，対応していけば良いのだろうか。欧州企業は勿論のこと欧州に進出している日系企業においても，経営上の最優先課題のひとつとなっている。

EU 環境法，なかんずく WEEE と RoHS は電気電子機器に対するリサイクル・廃棄物処理及び製品に対する特定有害物質の使用禁止ということがテーマであるが，この基本思想は単に電気電子機器を対象としているばかりではなく，近い将来において全産業分野に対して適応されてゆくものであろうと考えられる。

ますます多様化し，深刻化しつつある環境問題に対しどの様に対応してゆくのかという問題は，企業が従うべき行動規範となるものと考えられる。ここ数年来，日本においても CSR（企業の社会的責任）に関しての議論が盛んとなり，企業評価の重要な基準のひとつと考えられるようになってきているが，欧州における CSR は既に議論の時代は過去のものであり，極めて実践的かつ戦略的に推進されている段階となっている。環境問題とそれへの対応は，この CSR の主要な部分のひとつとなっている。言い換えれば環境問題のみに対応すれば事足りるのではなく，CSR への取り組みの一環としての環境対応が必要ということである。

企業の社会的責任という言葉からは　社会貢献や利益の社会への還元等が想起されがちであるが，欧州における CSR の考え方においては，企業が社会的責任を果たすのは当然のことであり，必要な経費ではなく，企業が将来も持続，発展する為に必要な投資であると考えられている。企業は経済的な実績のみでなく，環境・社会を含めた三つのボトムライン（いわゆるトリプルボトムライン）において，成果を出すことが要求されているのが現状である。

3 EU環境法制に対する産業界の取り組み

① 拡大生産者責任

環境問題を含むCSRに対する欧州での一般的な認識は上記に述べた状況であるが，それでは現実のWEEE（リサイクル関係）やRoHS（有害物質対応関係）といったEU指令において要求されるであろう企業の責任に対し，一企業としてどの様に対応してゆけばよいのかといった具体的な課題になれば，問題はそんなに簡単ではない。

欧州における社会的な要請事項として，製造・販売した製品に対する全責任はその企業が負うべきであるといった考え方がドイツを中心として強まってきている。供給された製品は経済活動や一般消費生活には有用であるが，エネルギーを消費し，製品サイクルの終わりには廃品として環境に対する負荷をもたらすものであり，企業は最終段階までの責任を負うべきであるといった考え方である。

電気電子機器においては，その設計段階から，エネルギー消費の少ない機器（省エネ），有害物質の使用禁止，リサイクルに際しての負荷が少ない機器が要求されており，実際にエネルギー使用量や廃棄の際の負荷減少を要求するようなEU指令（EUPD）といったものまでが検討されているのが現状である。

このような動向に対し，欧州においても当然のことながら，産業界からは批判の声が出ている。企業や行政における管理コストの上昇，行政機構の肥大化や，一般消費者の環境問題に対する無関心の助長等が心配されている。消費者も含めた関係する全ての部門，（即ち政府，地方行政府，製造業，流通業，消費者，リサイクル業者等）がそれぞれ応分の負担をし，協力して環境問題に対処してゆくべきであると主張したが，これらの企業側の主張は認められていないのが現状である。

日本における家庭電気製品のリサイクル法が生産者のみならず，一般消費者にも応分の負担を要請する方向で実施され，社会全体での環境問題への認識を深める方向に作用している事を考えると，欧州の環境問題，特に廃棄物のリサイクルへの取組みを例にとれば，環境問題一般に対する社会的なコンセンサスの進歩性は認めつつ，この点に関しては日本のシステムの方がより先進的であるように思われる。

第5章　EU環境問題の最近の動き

②　企業としての対応策

　以上，欧州における環境問題や企業の責任に対する，社会的なコンセンサスや企業自体のおかれている状況を説明してきたが，一企業としては，"CSRに要する金額は　経費ではなく，企業発展のために必要な投資である"といわれても理念としては理解するとしても率直なところでは，なかなか納得できないものがあるのも事実である。

　現実問題として，WEEEで要求されている内容が今後欧州各国で実施されてゆけば，その対応の為には多額の費用と労力が必要であることは明らかであり，此れへの対応をあやまれば，深刻な経営問題につながる可能性も大きく，必要な「投資」などと言って，済まされる問題でないというのが正直なところであろうと思われる。

　欧州における環境問題や企業の責任に対する社会的なコンセンサスや理念を無視して良いといっているのではなく，それを尊重しつつも，より現実的な解答，具体的な対応策を企業としては必要としているということである。理念としての投資という考え方が今ひとつしっくり来ないのは，通常の投資という概念に伴うリターンが必ずしも明確な形で数値化できない（出来ていない）のも原因のひとつと考えられるが，この議論は別の機会に譲りたい。

　ある日系企業の試算に拠れば，欧州15カ国においてWEEEへの対応を実施した場合，その企業の欧州総売上高の1％程度の追加費用がリサイクル直接対応費として発生し，此れに追加して，要求されるであろうデータ整備・報告業務等の追加業務関係の費用も考慮すれば，必要総費用が欧州総売上高の1％を超えるのはほぼ間違いないと結論づけている。

　環境問題を含むCSR（企業の社会的責任）や拡大生産者責任といった欧州における社会的要請に対しては企業の行動規範として尊重し，ポジティブに対応してゆく必要があることは論を待たない。しかしながら，一企業としては経済的な側面が重要であることは当然のことである。WEEEやRoHSといったEU指令に関するEU各国での実際の施行が始まる以前においては，この環境問題への対応は各企業がボランティアベースで対応実施していた。

　法制化以前であれば，これは企業による環境対応・CSR重視という観

3 EU環境法制に対する産業界の取り組み

点からの差別化といえる。CSRレイティング会社から良い評価を獲得し，SRI（社会的責任投資）からの投資も期待でき，確かに「経費」でなく「投資」と考えやすい状況にあったのも事実である。

ところが法制化され，企業の責任・義務として実施せざるを得ない状態においては，全ての企業が同じように実施せざるを得ない為，差別化のメリットはなくなることとなる。そこでは経費とか投資とかいった考え方の相違を離れ，いずれにせよ必要な対応費用として企業経営を圧迫する要因とならざるを得ないのが現実である。企業の経営を預かっている経営者としては"いかに安い費用で効率的に対応し，しかも他社よりも進んだシステムを構築し，競争優位を実現するか"といったことが関心事であろう。

環境問題に関する技術面・実施面での対応，環境に配慮した製品設計，グリーン調達，リサイクルシステムの構築等といった具体的な対応は，いずれは実施せざるを得ず，これは今までに無かった新しい費用負担であるが，どの企業にも平等にかかってくる負担である。それでは同じ費用負担をしなければならないとしたら，どのような点において競合他社と差別化し，自社を競争優位に導くことが出来るのであろうか。

このような観点からEU環境法と要求されるであろう企業責任の遂行方法を検討してみることは価値がありそうである。新たな負担（投資？）を他社に先駆けて実行し企業イメージを高める施策，その負担を競合他社よりも早く軽減し競争優位を獲得する戦術，またEU指令で規定されていない対象外の製品・機器にも対応し，製品上での差別化をすると同時に企業イメージを高める戦術等は通常考えられる方法であろう。

企業においては，EU指令で対象製品にされている機器を製造・販売している部門のみに，この対応を任せず，それこそ「投資」と考え，全社ベースでこの新しい負担を負うことにより，本来社内対応部門が負うべき負担を軽くすることにより，競合他社との相対的な競争優位を作り，他社を凌駕する戦術も考えられて良いように思う。

③ 欧州環境規制（WEEE & RoHS）の問題点

環境規制に関するEU指令が発効し，EU各国政府はその実施の為の具

第5章　EU環境問題の最近の動き

体的な法制化を要求されている段階であるが，企業サイドからみた問題点のひとつは，各国における具体的な法制化の足並みがそろわず，スケジュールはもとより，その内容においても各国ばらばらで統一がとれていないことであろう。言い換えれば欧州全域で事業を行っている企業にとっては，EU15カ国ないしは将来の拡大EU25カ国における対応内容にそれぞれ相違があり，各国別の対応をしなければならないことである。

　一企業として現段階で最低しなければならない事は，EU各国における政府の対応状況と法制化の内容に関する情報を収集・整理し自社のその国における事業の状況をみつつ，対応策を作成・準備することであるが，これはそんなに簡単な問題ではない。此れに対応する為には多大な労力と経費がかかるからである。既に企業がコンソーシアムを組み，共同で活動を開始したグループもある。

　英国における対応状況を見ると，英国政府機関であるDTI (Department of Trade and Industry) がEU指令を受けWEEE及びRoHSに関し60項目に及ぶ質問状 (Discussion Paper) を産業界に出し，関係する産業分野の意見を聴取している。この質問状への回答集計がDTIより発表されているが，EU指令が極めて包括的且つ概念的な表現であった為，その実施に際してのより具体的な内容の詰めが必要となっているのが現状である。

　上記のアンケートに対する回答は316件にのぼった。業態別では，製造業者が93件（約1／4）と最も多く，製造業者の中ではITおよび通信機業界からのものが一番多かった。質問項目として目立ったものは，WEEEに関連する回答として，
① 適用範囲と定義 (Scope and Definition) についてのものであり，具体的には，再資源化のプロトコール方式に関連してカテゴリー分類については政府案を積極的に支持する意見が多かった。定義については，"生産者"と"輸入者"についての明確化 (clarification) を求めるものが目立ち，とくにインターネットや遠距離チャンネル販売も輸入者として捉えるべきとの指摘も多かった。
② 製品設計に関しては，強制的な方法ではなく，あくまでも任意的

3 EU 環境法制に対する産業界の取り組み

な方法によるアプローチを求めるものが多かった。
③ Retailer による引き取り義務については，WEEE が規定する店頭での義務的引き取りではなく，より柔軟な対応を求め，Retailer 側からも店頭スペースの不足，店員教育の問題や店員の安全への配慮から店頭での引き取り義務化に不安が表明された。
④ 再資源化に関連しては，上述した英国政府のプロトコール方式案は概ね支持されている。
⑤ 最も問題となると思われた廃棄物の費用負担については，まず"Visible Fee" の導入は多くの利害関係者がこれを支持したが，Retailer 側はコスト（製品価格が上がる）および Fee の管理上の問題から不安感を訴えている。Fee の管理・運営は官庁ではなく民間機関がおこなう方が望ましいとしている。また "Finance Guarantees" については，どのような形態にするかにつき種々のコメントで統一的見解はなかったが，回答者の60％は複数の Guarantees を認めるべきであるとコメントしている。

一方，RoHS についての回答は58件（全体316件）と WEEE に比較して極めて少なく，これは，同指令のインパクトが製造者（または輸入者）だけに及ぶからと思われる。
① 対象範囲と定義に関連して，"市場に（製品が）出る（put on the market)" の解釈について英国政府の見解を支持するものが多かった。また，"部品 (component)" の意味については，多くの見解として "機能を破壊することなくして分離することができない機構部品または電気装置" とする意見であり，英国政府も EU の統一解釈にむけてこの表現で臨むものと思われる。
② 同指令別表Aの除外リストの表現が不明確であるとの指摘が多く，英国政府としては他加盟国との調整を迫られるものと思われる。

これは英国のみならず，他の EU 諸国においても同様な状況であろうと推測できる。英国における企業サイドからの意見や要望も具体化という点に集中しているようである。

第5章 EU環境問題の最近の動き

以下多くの回答が問題としている点を順不同であげてみる。

A：WEEEでリサイクルを義務づけられる対象製品の定義が不明確である。電子電気機器といってもあまりに範囲が広く，また例えば自動車に組み込まれたステレオ装置や，カーナビ，エアコン等の廃棄物は誰の責任であるのか，大型設備に組み込まれたコンピューターやモニターはどうか等対象機器に関する明確な定義が必要となっている。

B：EU指令により要求されている製品設計に関し，何らかの規格の設定が必要である。

C：回収方法に関しては，より自由度のあるフレキシブルな回収方法が求められている。特にRetailerからは回収物の保管場所の不足や回収物の保管やハンドリングの際の従業員に対する安全性の確保等が問題としてあがっている。

D：回収にかかわる経費負担の問題も明確でない。過去において製造・販売された製品の回収・リサイクルに対してはその経費を使用者から徴収しても良いことになっているが，誰がその必要金額を決めるのか，誰が徴収するかが不明確なままである。

E：情報・回収データの報告等に関しても誰が使用者に対して的確な情報を提供するのか，膨大な回収された廃棄物の処理データに対し誰が責任を取るのかといった基本的な点が明確になっていない。

これらは英国における現状であるが，上記のごとく，実施に際しての具体化，回収システムの実際の構築，回収方法や費用負担の問題，回収・リサイクルデータの実際の取り扱い・処理方法等ほぼ全ての領域で具体化の為の作業が必要とされている。

英国のみならずEU各国において具体化のための作業がなされている

が，EU15カ国及び拡大EU25カ国全ての情報を収集し，対応システムを構築することがいかに大変な作業であるか容易に想像できると思う。

④ 結　び

一企業として多大な労力と費用をかけ，EU環境規制に対応したとしても，それは先にも述べた通り，当然のことであり，単に欧州において今後も事業を継続してゆく為の前提条件に過ぎない事を企業の経営者は銘記すべきであろう。

欧州において企業の行動規範になりつつあるCSR（企業の社会的責任）の一部分である環境問題への最低限の対応を全うしただけの話である。企業経営者としてはEU環境規制（WEEEやRoHS）に対応し，欧州事業の継続的な発展を図る為の一条件であれ，それをクリアーすることが重要な課題であることは当然であるが，より重要なことは今まで述べてきたように環境規制やCSRという問題に対し，"積極的に対応して行く意思"が必要である，ということである。

規制・義務へのやむをえない受身の対応ではなく，自社の行動規範が他企業，ひいては社会全体の規範となるような経営が必要となってきているように感じる。企業理念と実際の経営（現実）との狭間に苦しむのは常であるが，少なくとも高い理想を掲げ従業員とビジョンを共有し，その達成に一歩一歩近づく努力をしてゆけるような経営が求められているということである。

(1) (www.defra.gov.uk/environment/climatechange/trading/ukets.htm)
(2) Grand-fathering といわれる方式であり，下記4つの段階にしたがって計算される。①当該企業が管理しているすべての排出源を特定する。②それらがどの事業分野に属するのか分類し，排出権取引スキームの中に取り込むか否かを決定する。③Baseline List に入れるかどうかを決定する。④Materiality Test（排出量が取引に影響を与えるレベルかどうかを判定する）を適用する。
(3) (COM (2001) 581)
(4) (http://europa.eu.int/comm/environment/climat/emission.htm)
(5) Grand-fathering は，この期間中，法的に拘束力のある排出規制はないと

第5章　EU 環境問題の最近の動き

　　　いう事実を反映したものといえる。
（6）　EC 条約第300条に規定される規則による。
（7）　2002年10月の DEFRA 発行：英国排出権取引制度——入札分析と進展状況についての報告を参照。
（8）　WEEE 第5条によれば，各加盟国は，2006年12月31日までに，1人当たり4 kg（EU 全体で約25万トン）の分別回収を達成しなければならない。更に，2008年12月31日までに，EU は新たなターゲットを設定する予定。
（9）　Directive 2000/53, OJ L269, 21/10/2000
（10）　2003年6月26日付日本経済新聞は，使用済みプリンターの回収，リサイクルに関連し，拡大生産者責任の問題を大きく取上げている。

第6章

EUの環境責任

［河村寛治］

1 環境責任とは

(1) 環境と国家の責任

　伝統的な環境責任の考え方は，本書でもすでに説明したとおり，事後救済が原則である。つまり，侵害された保護法益を回復し，損害のコストを加害者に負担させるということによって，被害者を救済する機能を果たすということになる。この機能はまた，損害の発生を事前に防止する役割を果たすことにもなるわけである。

　このような事後救済としての責任に関する法規則は，環境損害に対する狭義の損害賠償の機能にとどまらず，広く環境に関する国際的義務の遵守・執行の根拠として適用される一般的な役割を持つと指摘されている[1]。ここでの環境責任は特に国家による責任を中心として説明しているのであるが，その責任の内容を，「環境保全を確保すべき一般的な責任ないし基本的義務を Responsibility，損害に対する事後救済としての賠償責任を Liability として両者を区別する傾向が見られる。一般には，国家責任とは，国家の国際義務違反の効果として当該国家が負う責任,

第6章　EUの環境責任

すなわち国家の国際違法行為責任をいう」としている。さらに，「最近では，新しい国家責任論を構築する試みの中で，違法行為責任とは区別された，必ずしも違法ではない原因行為に基づく損害賠償義務という意味でも用いられることもある」とも指摘している。

　この環境問題に関する国家責任を定めたのは，ストックホルムでの国連人間環境会議（1972年）で採択された「人間環境宣言」（ストックホルム宣言）であり，その原則21において，環境損害の防止に関する国家の責任を定め，原則22において，環境損害に対する事後賠償責任に関する国際法の発展のための協力義務を定めている。この原則については，損害防止のための国家の一般的な義務を定めたものであり，どのような条件の下で国家が事後賠償の国際責任を負うのかについて規定しているわけではない。また，事後賠償責任についても，責任および補償に関する国際法をいっそう発展させるための国際的協力を求めているにとどまり，賠償責任の根拠や条件を具体的に明らかにしてはいないという批判もある[2]。

　このように環境損害に関する国際的な義務というものは，「事態発生防止義務」が中心となるものであり，環境損害という事態の発生が義務違反の成立の条件となっている。結果として，環境に対して悪影響を及ぼしたり有害な行為であっても，現実の環境損害が発生せず，環境危険にとどまるものであれば，国際違法行為責任は成立しないという指摘がなされている。一般には，事後賠償責任の対象となるには，「相当の（significant）」または「実質的な（substantial）」あるいは「通常の受忍限度（tolerable levels）を超える」損害であることが必要とされる[3]。

　これが環境損害に関する国家責任についての考え方の基本であり，国際違法行為を行った国家は，それによって生じた環境損害について救済する義務が発生するわけである。

　その際，国家は無過失責任を負うのか，あるいは過失がなければ責任を負わなくてもいいのかなどの問題が生じるわけであるが，現状では国家の注意義務違反を前提として，過失責任の原則が適用されるとされるのが一般的な考え方である。この国家による注意義務違反とは，国家が国際法に配慮して通常はらうであろう程度の注意義務を果たしたかどう

かといったものである。

　このような国家の国際違法行為の責任を認めるには，損害の発生（それも受忍限度を超えたものであることが必要である），原因行為の特定と損害との因果関係，国家の注意義務違反などを立証しなければならないわけであるが，国際的な環境損害というものは，一般的に特定の国家に限定されているものでなく，グローバルな影響を与える可能性が大であることを考えると，非常に困難さを感じざるをえなくなるわけである。特にヨーロッパのような国境を接している地域においては，この問題は深刻な問題となろう。

(2) 環境法の域外適用

　国際的な環境損害がグローバルな影響を与える可能性が大であるということは，このような損害が発生するのを未然に防ぐ必要性，および万一発生した場合の損害賠償の義務などに関する法規制についても，特定の国だけに限定するというよりは，影響を与える周辺国に対しても同様の法規制がなされることが最も望ましいということになる。その意味で，EUなどはEU全体に効果がおよぶ法規制ができるという点でその存在意義は高いということがいえる。

　それ以外では，環境法の域外適用という問題を検討することも必要かもしれない。独占禁止法や輸出管理法などの経済法の分野においては，域外適用の問題が議論されているが，環境法の分野でのこうした議論はまだ多くはないようである。

　これについて，「反トラスト法や輸出管理法といった経済法の分野における域外適用の目的は，主として自国の経済または安全保障という国家利益保護することにあり，一国かぎりの国益と一方的決定にもとづくものでるのに対して，環境の保護は，普遍的な価値を有し，域外適用対象国の人々の利益でもあるとされる。……こうして，より厳しい環境規制を有する国が，その「意思」と「能力」によって自国国内法を域外適用することが正当化される，という。また，地球環境保護のために不可欠な原則として強調されつつある「予防原則」の観点から，この原則を実

施するための有効な環境規制手段として，かかる域外適用を積極的に位置づけようとする立場もみられる。」という指摘もある[4]。

(3) 環境と民事責任

① 環境問題に関する民事責任とは

環境損害に対する国家責任および環境法の域外適用について検討してきたわけであるが，一方では民事責任はどうかという問題も存在する。その民事責任の問題としては，汚染行為に対して予防的な目的を有するものと，事後的な対応を目的とするものが存在するが，事前の予防的な対応としては，地球的規模による温暖化などの問題であり，温暖化防止のための国際的規制の問題である。一般的に民事上の責任ということを考える場合には，事後的な対応としての問題であり，汚染行為当事者の民事責任を追及する方法，つまり損害賠償義務や原状回復義務を課すという方法が考えられるということである。

また，EUにおける環境問題については，その性質上国際的な問題となることが多いわけであるが，その場合の問題としては，準拠法の問題と裁判管轄の問題などが対象となるわけである。つまり，国際的な環境損害や環境問題に対して，どこの国の法律を適用したらよいかという問題は重要な問題であり，損害賠償責任などの準拠法がどこの国の法律かにより，その要件や範囲などが異なることになるわけである。さらには，被害を受けたものとしては，どこの国の裁判所で訴訟するか，あるいは裁判の結果，勝訴判決を得たとしても，それを他の国で執行しなければならなくなるという問題である。これらは国際私法および国際裁判管轄の問題であるので，ここでは詳しく説明することは避けるが，国際的な環境問題を考える場合には，実務的には重要な問題となるわけである。

また，環境問題を考える場合に，汚染の主体を考えるとそれが多国籍企業による場合が多い。そのため汚染主体の国際化という問題を考える必要もでてくるわけである。たとえば，1976年のイタリアのセベソでのガス爆発事故では，広範囲にダイオキシン汚染が発生したわけであるが，この事故を起こしたのは多国籍企業であるスイス法人が直接または間接

1 環境責任とは

に所有するイタリア法人であったり，1984年にインドのボパールでの化学工場の爆発事故は，米国のユニオン・カーバイド社が過半数を所有するインド法人によるものであった。

② 民事責任の一般的な考え方

本稿では，国際的な環境問題に関する民事上の責任問題を考える場合の一つの指針として，まずは一般的な民事責任の考え方を説明することとする。

環境汚染や環境損害などについての民事責任は，まずは不法行為として考えることが中心となる。違法な行為があっても損害が発生しない場合には，不法行為は成立せず，日本の場合においては，米国のように損害填補に要する額の何倍にも相当する一種の制裁的な損害賠償は認められないというのが原則である。

日本の不法行為における考え方では，「過失責任主義」が原則である。つまり，故意または過失を責任負担の要件とするので，環境損害の加害者が責任を負うのは，結果を意図したか，または結果を注意すれば予見できたであろう場合に限定されるわけである。しかし，これだけで環境汚染問題に対応するのは無理があるとして，環境関連のなかでも「水質汚濁防止法」や「大気汚染防止法」においては，明確に故意や過失を要件とはしないことが確認されている。つまり「無過失責任」と呼ばれる責任を負担する考え方が取り入れられているわけである。

このような無過失責任が採用されるのは，立場の互換性のない被害者に対する救済が，過失責任主義であるゆえに否定されることが妥当ではないと判断される場合，無過失責任により損害賠償責任を負わされる企業などが，その負担をあらかじめ保険などにより，また製品価格への転嫁等により分散することができる場合，あるいは一定の損害が生ずれば損害防止措置をとりうる者に常に責任を負わせることで損害抑止の効力が生じる場合などである。

③ 準拠法と裁判管轄

　一方，国際的な環境被害あるいは環境汚染問題が争いになる場合に，このような不法行為に関してどの国の法律により，それが不法行為の要件に該当するかどうかが判断されるかを考えることも重要な問題になってくる。その原因事実の発生地を不法行為地として準拠法を定めることとなるのが日本の国際私法の考え方である（法例第11条）。国際的にもこの考え方が一般的なものとされている。しかし，国境を越える環境汚染などの問題は，加害行為地と損害発生地とが必ずしも同じ国内にあるということよりは，異なる場合が多いので，加害行為地と損害発生地のいずれが不法行為地になるのかという問題が現実の問題とされることになる。

　日本では，上記のように被害や損害が発生している国の法律が適用されることになるという考え方が通説である。また，最近の環境汚染による民事責任についての準拠法に関する立法論においても，「環境汚染によって生じた損害に対する責任は，損害の発生した地の法律による」という損害発生地法主義を採用すべきであるとする見解が発表されている[5]。しかし，国際的には，ハーグ国際私法会議が作成した「製造物責任の準拠法に関する条約」（1973年署名，1977年発効）におけるように，当事者による準拠法の選択を認めている場合もあるようである。

　国境を越える汚染損害についての賠償請求訴訟の管轄は，製造物責任訴訟の管轄などと同じく，加害地国（汚染者の住所地）のほか，損害発生地国にも認められるのが一般的であり，日本においても特に条約がないかぎり，そのような扱いがなされるであろう，という指摘もある[6]。

　訴訟の場合の管轄としては，上記の考え方でよいとしても，環境問題に関しては別の難しい問題が存在する。つまり，通常の損害賠償訴訟と異なり，酸性雨やCO2の排出などのように加害者が特定しづらいという問題が存在する。また被害者を特定することも困難だという問題も存在することになる。

　いずれにしても，環境損害に関連して，民事法上の責任問題を考えるとしても，基本的には国家責任とは異なり，損害賠償という事後的な対策でしかないということである。もちろん事後的に損害賠償責任が生ず

1 環境責任とは

るということで，汚染行為の予防につながるということは十分にありうることであるが，制裁的な対応ではないことから，予防的な効果がどこまで機能するかという問題ともなるわけである。

④ 多国籍企業の責任

またすで指摘した汚染主体の国際化という問題についてであるが，これは多国籍企業の子会社が環境損害を起こした場合の親会社の責任の有無という問題になる。子会社が起こした環境損害に対して，十分な賠償能力を有する親会社を相手取り損害賠償責任を追求する訴訟ができるかどうかという問題である。

国境を越えた親会社の民事責任を追及するためには，その子会社が単なるペーパーカンパニーであり，法人格が否認できるような場合であればともかく，そうでない場合には，親会社の有限責任や子会社の独立性など法的には乗り越えなければならない問題が多い。本稿では，いままでの事故に関連した訴訟などを概観することでその考え方を検討することとしたい。

【1】 インド・ボパール事件

この事件は，米国のユニオン・カーバイド社（UCC）が51％弱を保有するインドの子会社（UCI）が引き起こした事故による被害者救済のため，インド政府が被害者の代理人として米国法人である UCC に対して訴訟を米国で提起したものである。

米国の連邦地裁および巡回控訴裁判所では，米国法人である UCC がインドの裁判管轄権に服するべきことを条件として，米国での訴訟を却下し，インド政府はインドの裁判所に提訴したものである。最終的には，インド政府と UCC との間で和解が成立したため，米国法人である UCC の親会社責任がインドの裁判所で認められたことにはならないわけであるが，実質的には親会社としての責任を果たしたという点で，注目するケースでもある。

第6章　EUの環境責任

【2】　アモコ・カディス号事件

　この事件は，1978年に大型タンカー「アモコ・カディス号」がフランス領域内で座礁し，大量の油濁汚染をもたらした事件であるが，この船舶の所有者および運航者は，いずれも米国のスタンダード・オイル社の100%子会社であり，フランス国内の被害者は，この米国スタンダード・オイル社を相手取り，米国で訴訟を提起したものである。

　米国の連邦裁判所は，その裁判管轄を認めると同時に親会社であるスタンダード・オイル社の賠償責任を認め，支払われるべき損害賠償額の決定も行ったケースである。この判決のなかでは，本船の所有者および運航者はいずれもスタンダード・オイル社が100%出資しているという資本上の一体性のみならず，事業活動における経営上の実質的支配関係が存在したという認定をして，法人格否認の法理により，親会社責任が認められたものである。

【3】　ベストフード事件[7]

　この事件は，米国でのスーパーファンド法に基づくものであるとはいえ，親会社責任の問題をも扱っているという点で参考になるものであるので，以下簡単に説明することとする。

　ミシガン州の化学工場が対象であり30年以上の間いろいろな会社が所有し，相当重大な汚染問題を発生させたケースである。連邦政府は，数社を相手として産業廃棄物の撤去費用を回収するため，既に消滅した企業の親会社である Bestfoods 社を相手取り，訴訟を提起した。

　巡回控訴裁判所では，親会社が子会社の施設の管理に関し共同事業者あるいは共同運営者として直接関与していない場合には，州法上，法人格否認の要件が認められる場合を除き，単に子会社の経営に会社の監督権を行使したからといって，親会社が所有者あるいは管理者（Owner or Operator）としてスーパーファンド法に基づく責任を負担することはないと判断した。

　さらに最高裁判所では，子会社による法人維持手続の不履行や詐欺目的の子会社形態の利用などを理由として，法人格が否認される場合（この場合に限って），親会社は汚染施設を管理している子会社の行為につき，

スーパーファンド法に基づく二次的責任（derivative liability）を負うが，しかしながら，親会社が株主権を行使したという理由だけでは子会社の行為につき責任を負うことはない，というのが一般的な会社法の原則であることを強調した。

この米国の最高裁判決は，コモンローを採用する国において，多国籍企業による子会社の管理責任の問題を考える場合にも参考になるであろう。

2　EUの環境責任法制

(1) 経　　緯

一般的な環境責任について，その考え方をみてきたわけであるが，EUとしては，域内の加盟国に法的効果をもった形で法的規制を及ぼすことができるという点では，非常に恵まれているといわざるをえない。そこで，つぎに国境を接し環境被害が国境を容易に越える可能性の高いEUにおいて，環境問題に対して，その責任法制をどのように検討してきたかをみることは非常に重要なことであり，そこで活動する日本企業としても参考になるはずである。

欧州委員会における主要な環境官僚であるクレメール博士によれば，"EUが，近い将来に，環境責任につき法制化することは考えられない。"そして，更に"この分野において効果的な立法が制定される可能性はほとんどない。"との発言が2000年にあり，EUでの環境責任に関する法制化はまだ時間がかかるとされていた。

しかしながら，欧州委員会は，2002年1月23日になり，驚くことに待望の環境責任について「環境被害の防止または修補に関する環境責任についての欧州議会および閣僚理事会による指令案」と題する環境責任に関する指令案を発表したのである[8]。クレメール氏の発言は，結果としては誤りであったということになるかも知れないが，その公表時点においては，多くの政策決定者によって支持されているEUの主要な見解

第 6 章　EU の環境責任

を反映していたものであったといえるわけである。

　環境分野での，EU の環境責任法制についての提案の最初の試みは，1976年に欧州委員会が有害廃棄物についての指令提案の中に環境責任に関する規定を盛り込んだときにさかのぼる[9]。この指令は，廃棄物の回収，分別，貯蔵，処理，それに再利用やリサイクルについて取決めた枠組み指令であり，廃棄物による環境汚染の排除を目的とするものであり，その後の各加盟国における廃棄物処理に関する法の基礎となったものである。

　その後，EU においては，この環境責任に関して幾つかの試みが為されたが成功しなかった。このことが，環境責任の分野において欧州ベースでの責任規制を策定することは不可能であるという印象を与えたのである。いくつかの試みのうち，1989年の10月に提案されたのが，廃棄物に起因する損害に関する民事責任指令案[10]であり，廃棄物に起因する損害に関して無過失責任を適用しようとするものであった。これは1991年に強制保険条項等を追加した修正案がだされたが，閣僚理事会で合意を得られずに取り下げられてしまったわけである。この無過失責任の原理を導入しようとしたのは，1985年に採択された「製造物責任指令」（後述）以来である。

　欧州委員会は，閣僚理事会が1991年の廃棄物責任に関する提案を検討することに消極的であるということを認識した上で，1993年に環境損害の救済に関する先導政策（「グリーン・ペーパー」）[11]を1993年5月に採択し，そこでは多くの問題点が検討されている。その詳細な内容は後述のとおりであるが，このグリーン・ペーパーは，現在提案されている指令案（2002年の提案）につながるものとされている。しかし，意思決定機関である欧州議会や閣僚理事会において，十分な支持を得られているかどうかはいまだ明らかではないが，支持が得られる可能性は十分にあるのではないかとみられているようである。

　この環境責任法制に関して10年以上続いた準備期間の間，欧州委員会およびこの問題を担当する EU の官僚は，今の段階では，環境責任法につき過激な提案をするよりは，少し穏便な内容の提案をするほうが現実

的であり，効果的ではないかということで対応を進めてきていた。もちろん産業界からは，この提案に関して幾つかの側面が批判されているが，一方，環境保護団体としては，提案は十分な環境規制にはなっていないと厳しく反駁している。これらの相対立する産業界と環境保護団体による批判は，最終的に双方の主張を調整しながら，中長期的将来に向けて，この指令案が採択され施行される方向へと向かっているといえる状況であるという観測がなされている。

　本稿では，まず何度も拒絶され，反駁されてきた現行の指令案についての苦しい長い道程と現在の状況を概観することとする。それは，欧州委員会の考え方が発展してきた姿を顕著に示しているわけである。そして，つぎに指令案について，その提案の内容と規定そのものを説明することとする。

(2) EU環境責任指令案の提案背景

① 製造物責任

　環境責任に関する規定は，現在のEU規則の中には存在しないが，しかし，製造物責任に関する指令では，環境責任に関する規定は既に存在しており，欠陥品により引き起こされた損害に対しては，厳格責任を適用すると規定する「欠陥品の責任に関する各国での法制度整備についての指令」[12]と称する指令が1985年に承認されている。それにもかかわらず，この1985年の製造物責任に関する指令の概念は，個人が蒙った身体的損害と経済的損失を超えるものではないという考え方が採用されている。

　この厳格責任とは，無過失責任，つまり損害を発生せしめた行為や商品に責任ある法人または個人に，過失があったかどうかということは関係がないことを意味する。言い換えれば，損害が発生したという事実と，その損害がそれを生じさせた行為や商品に関係するという事実により，責任が発生するという考え方である。従来のような過失責任の原則では，必ずしも救済できないような問題に対応することを可能としてきたものである。

　環境問題との関係で言えば，廃棄物も一種の製造物として捉えること

第6章　EUの環境責任

ができるという解釈も成り立つことから，それ故に，厳格責任の法理の範疇に含められるのではないだろうかとされてきた。しかし，この解釈は，いまだ法廷では十分な議論がなされてはおらず，法廷は肯定も否定もしていない状況であり，また議論の進展もいまだみられていない状況である。

② 原子力被害責任

原子力被害の責任については，規制の枠組みを既に確立している下記の幾つかの国際条約がある。
- 原子力分野における第三者責任に関する1960年パリ条約
- 1963年のブラッセル追加条約
- 原子力被害の民事責任に関する1963年ウイーン条約
- 原子力被害についての追加補償の1997年条約
- 1988年の共同議定書

なお，パリ条約とブラッセル追加条約はOECD原子力委員会の下で運用され，他の二つの条約は国際原子力委員会（IAEA）の下で運用されている。これらを連携するのが，最後の共同議定書である。

大多数のEU加盟国は，これらの条約に署名しているが，EU自身はまだ署名していない。これらの条約は，幾つかの重要な原則を共有している。即ち，原子力施設の事業者の責任は厳格責任とされており，過失の有無如何に拘わらず，責任を負わねばならない。ただ，この責任は，一定の最高限度額を超えるものではないとされているが，一方では，原子力施設の事業者は，自己の責任限度額に応じた保険又はその他の財務的保証を確保しなければならないとされている。

もし，これらの保険又は財務的保証が不十分であれば，同事業者が属する国は，同事業者の責任限度までの差額についての義務を負担することとなっている。これらの事業者と国の共同責任の最高限度額は最近引き上げられてきており，原子力被害の定義もまた修正され，現段階では，環境損害および事前予防原則の考えを導入している。この原子力被害責任は，残念ながら2002年の環境責任規則の提案には含まれていないが，これらの多くの概念が2002年の提案に再登場したのは興味深い。

③ 廃棄物責任

環境責任の法制化の最初の試みは，廃棄物から生じた損害だけを取り扱う責任を確立する EU 規則を制定しようとするものであったが，環境全般に対する損害を含める内容ではなかった。有害な廃棄物を取扱う1976年の提案は，この様な廃棄物から生じる損害についての責任の規定を含んだものであった。

第二の試みは，1976年に起きたセベソ（イタリア）での事故の後で出てきたものである。このセベソの事故では，相当量のダイオキシンが放出され，数千の人々が慢性的なダイオキシン被害の治療を受け，多くの人々が家を捨て避難することを余儀なくされた。事故現場における撤去の過程で，ダイオキシンを含む40バレル以上の廃棄物が1980年代初頭に，これら廃棄物の処理方法を知らない民間の輸送会社に引渡されたことが問題の発端となった。

これらの廃棄物は，検査や公衆から隔離されたが，徐々に汚染を拡大し始めてきた。この結果を踏まえ，1983年，欧州委員会（当時は EC 委員会）は，廃棄物の輸送を規制する提案を出した。この提案にも責任に関する規定が含まれていたが，しかし，閣僚理事会は，廃棄物による損害の責任の問題を如何に取り扱うかにつき，1980年代の終わりまでに結論を出すと宣言していたが，結果的には，またもや，閣僚理事会は，提案について合意に達することができなかった。

事実，欧州委員会は，廃棄物により引き起こされる損害についての民事責任に関する提案[13]を1989年に提出した。この提案は，欧州議会からの提言を考慮に入れ1991年に修正された[14]。例えば，この提案では，廃棄物製造者の民事責任を立法化することに加え，起こり得る損害をカバーするための財務的な保証を廃棄物の製造者にさせるかどうか，もし，させるとすればどういう方法によるかは同製造者に決めさせるという内容のものであった。ただ，この提案は，1986年のスイスのバーゼルでの倉庫火災事故によるライン川の汚染問題が直接の契機となったわけであるが，製造物責任に関する指令以来はじめて，廃棄物に限定されるとはいえ，無過失責任の原理を導入したわけである。

第6章　EUの環境責任

④　その他

　欧州委員会は，損害発生の危険が差し迫っている場合，あるいは生じた損害を一掃することを加害者が行えないような場合に，地方の環境団体といったような連合体 (Association) が，訴訟を提起できることに同意したが，訴訟が認められる具体的な条件については各国の立法に委ねるとの意見を出したのである。

　一方，欧州委員会は，発生する可能性のある損害額に限度を設けるべきだとの欧州議会の提言には同意しなかった。この1991年の廃棄物に関する民事責任指令の修正提案の中で欧州委員会が取上げた多くの問題は，2002年の環境責任法制についての議論でも依然闘わされているものである。例えば，財務保証等がそれである。

　閣僚理事会は，またもや，この1991年の指令提案について合意に達することができなかっただけではなく，十分に考慮することすらできなかったわけである。欧州委員会は，廃棄物から生じる損害だけではなく環境損害全般を包含する先導政策を発表した後，この提案を1993年に取り下げた。しかし，この先導政策，即ち，グリーン・ペーパーの公表は，最終的に欧州委員会が2002年に立法提言をおこなうことに繋がるものであった。

　閣僚理事会は，一見非協力な姿勢を示しつつ，自らが民事責任の分野で何らかの行動をとるか，その問題の検討を開始すべく欧州委員会に要請するかを約束する宣言を採択する必要があると感じていた。前述したセベソの大事故の後，一般社会の怒りと圧力は明らかにひとつの役割を果たすことになり，さらに1986年のスイスのバーゼルにある工場での火災，およびこの火災によりライン河を汚染する大量の汚染物質が流出することになったことにより，環境問題に関する民事責任についての立法化の必要性が促進されたわけである。

　閣僚理事会が，1987年の末，第4次環境行動計画を採択した時，民事責任の分野で何らかの行動をとる必要性が感じられていたわけである。その結果，1993年1月には，EU環境・交通相会議で採択された決議の中で，閣僚理事会は環境汚染についての罰則と民事責任のシステムを発展させる可能性を検討するよう欧州委員会に要請したわけである。その

結果，欧州委員会は，環境損害の救済に関するグリーン・ペーパーを1993年5月に採択したわけである。

(3) グリーン・ペーパー

グリーン・ペーパーは，すでに述べたように，1991年の廃棄物責任についての提案を閣僚理事会が検討することに消極的であることを承知した上で，EUの環境・交通相会議の決議による要請に速やかに応じる為，公表されたものである。欧州委員会は，環境損害の救済に関するこのグリーン・ペーパー[15]を1993年5月に採択した。

このグリーン・ペーパーは，欧州の環境責任法制の枠組みが実施された場合に生じる問題の多くを検討している。しかしながら，どういう方策が望ましいかという点については指摘されていない。換言すれば，グリーン・ペーパーは，問題は採り上げるものの具体的な答えを示しておらず，また問題に焦点はあてるものの，どう扱うかには触れないでいるというものである。しかし，欧州委員会はペーパー公表後，利害関係者との幅広い協議作業を開始したわけである。

グリーン・ペーパーは，2種類の環境損害を明白に区分している。即ち，1）民事責任の仕組みを使い救済を求めることができる環境損害，2）共同補償システムを通じて救済が可能な環境損害の2種類である。2種類の環境責任の基本的な相違点は，共同補償システムが，汚染の拡散（例えば，酸性雨，気候変動）の場合において，汚染者が特定できない場合，又は汚染者が破産した場合に主に適用されるということである。このシステムの典型的な例として米国のスーパー・ファンド法が挙げられる。

欧州委員会は，環境責任の適用上どのような責任制度が最も望ましいかを検討している。つまり過失責任，あるいは厳格責任のいずれかである。当初，過失の場合にのみ責任を問う過失責任（Fault based liability），即ち，従来の不法行為による損害賠償責任である故意または過失の場合に責任を問うほうが合理的であると思われていた。しかし，過失は立証する必要があることを意味しており，立証するためには，通常，環境規

第6章　EUの環境責任

則や許可などによる基準が確立されていなければならない。これらの基準が遵守されない場合にはじめて過失があるということになる。

　過失責任は，環境法の遵守を促すには良い方法であると考えられている。しかし，過失が立証されない場合には問題が生じることになる。立証できない場合，誰が救済することになるか？　慣行から判断すれば，過失の証拠を提供することは，しばしば極めて難しいことになるわけである。立証責任は通常被害を受け，求償する被害者が負うことになるが，これらのものは，損害を与えたものが故意又は過失により損害を与えたことを証明する必要がある。

　他のオプションは，厳格責任である。これは無過失責任である。この考えでは，過失を立証する必要はないが，誰かの行為が損害をもたらしたとの証明，換言すれば，因果関係の証明が必要とされる。環境損害を救済するという見地から言えば，厳格責任は，過失責任よりより多くの救済可能ケースを包含することになる。その意味では，好ましいといえる。

　また，厳格責任は，まず最初に，汚染や損害を防ぐ為に事業者に必要な全てのことを行うよう強制するということからも，より大きなインセンティブとなると思われる。グリーン・ペーパーの公表以降，厳格責任の原則は，各国の環境責任法制で広く使われているオプションとなったことが明らかとなってきている。欧州委員会の発表した2002年の提案もこの厳格責任の原則を選択している。

　グリーン・ペーパーは，その他幾つかの問題を取り扱っている。たとえば，複数の当事者が損害に関与している場合，その責任をどのように当事者間で分担させるかという問題である。これには2つの考え方がある。共同責任方式（Joint Liability）によると，損害を与えた各当事者は，自らの行為による損害の部分だけに責任をもつことになる。一方，連帯責任方式（Joint and Several Liability）では，各当事者は損害額全額に対しそれぞれが責任をもつことになる。

　この場合，最初に求償を求められる当事者は，自己に責任のない損害部分（他当事者が与えた損害部分）についてもまずは責任を負うことになる。そして，他の当事者に対して求償をすることで，当事者間の責任分

担を行うというものである。欧州委員会では，この方式は，損害のほとんどを与えた当事者より，十分な資力をもつ当事者がまず訴えられることに繋がるとしている。"Deep Pocket"理論と呼ばれるものである。

　もし，環境損害に関して，個々の汚染者を特定することが難しく，かつ汚染者と損害の因果関係を立証することも困難な累積的かつ継続的な汚染の結果であるような場合には，厳格責任の原則をあてはめることは通常不可能である。これは，CO_2の排出による地球温暖化や酸性雨のケースである。

　たとえば，僅かな汚染物質の川への放出はそれ自体被害を及ぼすものではないが，多くの事業者による汚染物質の放出が数年間続くならば，その結果累積された汚染物質は深刻な汚染をもたらすことになるかもしれない。また，酸性雨による損害額を金銭的に正確に割り出すことは極めて難しく，更に，損害を与えた個々の汚染者を特定することはほとんど不可能であるということになる。また誰が，この様な損害を救済する責任があるのかという問題は解くことにはならない。

　グリーン・ペーパーはこの様な状況を指摘し，環境損害を救済するためには，共同補償システムの確立が必要であると述べている。これは，特定の分野の事業者が供するファンドの形態をとるということも考えられる。例えば，車の所有者は，車のエネルギー効率に応じ地球温暖化や喘息と闘うファンドに年会費を払うなどというものである。もし，この様なファンドが存在しないのであれば，政府が，つまり最終的には納税者が負担せざるを得ないことになるわけである。

　2002年の提案の採択に繋がる議論でまだ再浮上していない問題は，厳格責任に最高限度を設けることが必要かどうかということである。

(4) 2002年提案

① ホワイト・ペーパー

　環境損害の事前予防と救済についての環境責任に関する欧州議会および閣僚理事会の指令の2002年提案[16]は，グリーン・ペーパーからの一連の積み重ねであるといえる。

第6章　EUの環境責任

　提案の準備は，2000年2月に提出された白書[17]の発表により可能となった。白書（ホワイト・ペーパー）は，利害関係者からの厳しい反発を招いたが，特に，欧州委員会発表の白書に欧州議会が意見を出せないばかりかその意欲もないことがこの問題を一層目立たせることともなった。

　このホワイト・ペーパーの目的は，環境政策の主要な目的が環境損害の回避にあるということをベースとして，特に汚染者負担原則をどのようにEU環境政策に反映させるかを探求することにあるとされている。ここでは環境損害に対する責任の制度を導入し，環境損害を回避し，予防的措置が達せられるとしている。

　このホワイト・ペーパーは，環境損害について，責任制度が有効に機能するためには，汚染者の特定が可能であること，損害が具体的で算定可能であること，および損害と汚染者との因果関係が認められることの三つの要件が満たされなければならないとされている。

　このホワイト・ペーパーの責任制度についての案の特色としては，以下が挙げられる。

(ⅰ)　人的損害や財産損害のような伝統的損害と環境損害の双方に適用されること

(ⅱ)　その適用範囲について，損害をもたらすおそれのある行為または汚染物質を対象として，EUの環境規制と関連した限定を加えていること

(ⅲ)　EU規制における危険な活動によって生じた損害および環境損害については，厳格責任を適用し，そうでない活動によって生じた，例えば生物多様性への損害については過失責任を課すものとされていること

(ⅳ)　伝統的損害は個人の利益の保護を求めて訴えが提起されるのに大して，環境損害では公共の利益の保護を求めて訴えが提起されるという違いがあること

(ⅴ)　ここでの責任は過去の損害には遡及せず，過去の汚染についての扱いについては加盟国に委ねるとされていること

(ⅵ)　証拠に対する近接性の法理を用いて，因果関係に関する証明責任の転換を考慮するとしていること

2 EUの環境責任法制

　(vii)　履行確保の観点から，環境責任保険の有用性についても指摘されていること

　このように，環境損害の原因者が特定できる場合には，環境損害の発生と規制の限度を基本的に関連させることにより，私法と公法の一体化をうながすことにもなろうとされている。

　勿論，議会は，グリーン・ペーパー以降，法制化への提案を出す様欧州委員会に圧力をかけていたが，結果として，何ら公式のガイドラインをしめすことなく欧州委員会に任せる姿勢をとった。議会の主要な委員会である法務委員会および域内市場委員会も6ヶ月の議論の後，意見表明を見送ってしまい，環境委員会だけがすでに説明した白書を発表することとなったが，全体としては欧州議会に実際に採用されることはなかった。

　この新提案(2002年)は，同様な落とし穴に陥いるかも知れないし，また欧州議会の2002年提案に対する最終投票の予測も難しい。勿論，多数のEU加盟国（ポルトガルとギリシャを除く）と，EUの主要な貿易相手国およびOECD諸国は，何らかの環境責任法制をもう既に有している。EUが環境責任法制を導入することは，環境保護の一方的な標準を導入するということではない。現行の提案は幾つかの主要条項を規定しているに過ぎず，各加盟国に多くの選択の余地を与えているわけである。各加盟国の制度を含む現行の環境責任の体制は，産業競争力に不均衡な影響を与えてはきていなかったわけである。

　2002年の提案は，抑止策を利用することにより環境損害の事前予防または救済の枠組みの構築をはかるものである。同提案は厳格責任の原則を確立するものであり，事業者は環境損害を一掃するための潜在的なコストを考慮せざるをえない。しかし，EUの環境責任体制を確立しようという1970年代半ば以降の様々な試みと比較すれば，今回の提案は野心的なものではなく，寧ろ現実的なものであると思われる。

②　伝統的損害と環境損害

　環境責任体制にとっての鍵は，環境損害を引き起こすことに対する費

第6章　EUの環境責任

用の査定である。何故なら，環境損害は，一般的には公的財産に対する損害だとみられており，人々は，個人的に損害の除去費用の負担をしなければならないとは思っていない。これらの費用は，通常の市場で価値を査定できるようなものではなく，環境損害に課される費用は，真に払われるべき環境コストを反映してはいないであろうと思われる。

2002年提案の主要な特徴は以下の通りである。第一に，伝統的な損害，即ち，民事法の不法行為制度で扱われている人的被害，経済的損失および財産損害は，環境責任の範囲外である。これは，公的損害および伝統的損害も含めるべきとした2000年白書とは大きな相違点である。提案の枠組みは損害に対する金銭的な補償を予想するものではなく，事業者に環境損害回復の為の資金供与を行わせるものである。

第二に，環境責任体制に適用される法律は，公法（行政法）である。言い換えれば，差し迫った損害を事前に予防し，発生した損害を救済する為に汚染を行った"事業者"に対策をとるよう命令できるのは行政当局だけである。この場合，事業者とは，事業活動の許認可を受けているものを含め，事業を指揮しているものであると定義されている（第2条1項9）。特に，個人の決定に決定的な影響をもっているとされる企業等の一部として，契約者が雇用されている場合には，支配を及ぼしているものを定義することは難しいことになる。

NGOおよびその他の環境団体は，公共当局が環境損害を事前に予防し救済する独占的な権限をもつことに懸念を有しており，2002年5月21日の欧州議会の公聴会で，欧州環境局，国際鳥獣等保護協会，グリーンピース，WWF，地球の友の代表者が意見の表明を行ったが，彼等は，利害を有する個人や団体が汚染者を直接に訴追できる形態を望んでいることが主張されていた。公法に基づいている為，この提案のシステムは上記の個人や団体には間接的且つ弱い権利を，損害の発生が差し迫っている場合のみに，与えているだけである。

③　裁判所へのアクセス

上記にて説明したように，適切な調査を実行するのは行政当局の義務である。民事法・私法と違い，公法は，担当の行政当局が裁判所での手

続に先立ち，汚染事業者が特定できた場合に，自らの裁量で損害の事前予防と救済を行うことを許している。

しかしながら，加盟国法で規定された基準にしたがい，環境損害が救済される利益を有するもので，その組織の目的が定款などで明示されているように，環境を保護することであり，国内法で指定された要件に合致しているような組織を意味する，"有資格当事者（qualified entities）"および環境損害により悪い影響を受けるまたはその恐れが強い個人は，当局に対策をとるよう要求できる可能性が与えられている。この要求は，各加盟国の行政当局や準司法当局に対してのみ行うことができることになっている。要求を受けた当局は，これらの要求通りの方法で対策をとる義務はないが，合理的な期間内に要求を行った個人に，当局の決定を知らせる義務があるだけである。

しかしながら，欧州委員会は個人又は団体が，より間接的ではあるが，訴訟を起こすことができると考えている。それは，もし，要求を受けた当局が対策を取ることを拒否し，その拒否が違法であると要求者が考える場合には，要求者は訴訟手続きをとることが可能となるということである。この見解は，環境団体が，一定の状況下で，直接に汚染者に訴訟を提起できるとする白書の中で表明された欧州委員会の初期の立場とは異なった考え方である。

産業界は，有資格当事者を定義する明確な基準がないことを懸念している。ブラッセルにある米国商業会議所の欧州委員会によれば，このことは，欧州（EU）全体に差異をもたらし，些細で軽率な訴訟に道を開き，行政当局へ対策を要求する場合のミニマム基準を保証しないことになるのではないかとしている。

以上から考えると，裁判所へのアクセス規定の重要な目的は，担当の行政当局が対策をとることを確認することである。これは新たな目標ではないが，既に一部の加盟国ではこの提案より進んでいる状況である。英国では，個人的利益が存在しようとしないと，だれもが提案することができる。しかし，その提案を扱う正式な手続きは存在していない。また，裁判手続き中のものは司法の検討を提案できるとされている[18]。

第6章 EUの環境責任

④ 損害の範囲

2002年提案の環境責任指令案は，危険だと考えられる種類のEC規制事業により引き起こされる"環境損害"に適用される。また，Biodiversity（生物多様性）への損害の場合，危険とはみられていない規制対象外の事業も包含される。この損害の範囲は，指令案第3条に以下の様に規定されている。

- a）Biodiversity—EUが指定する生息地や生物種の保存状態に影響を与える損害および各加盟国により指定される地域
- b）水　　　　—EU Water Framework Directiveに包含される水の環境および化学状態への損害
- c）土地　　　—土壌汚染から生じる損害であり，人間の健康に重大な危害（現在又は将来）を及ぼすもの。

この損害の対象には，ある種の損害，例えば原子力損害または国際的な補償システムの枠組みについては指令案から除外されている。

この2002年提案の内容は現在多いに議論を呼んでいる。例えば，この責任体制は，他のEU法で既にコントロールしている物質や結果としての土壌汚染しか包含していない。これは，危険物質の空中や水への放出制限，廃棄物管理，バイオテクノロジー及び危険物質の輸送についての規則を含んでいる。Annex Iに規定されない事業者もまた第2条1(2)に定義されるBiodiversity（生物多様性）への損害を事前予防したり，回復させる費用を負担する責任がある。ただし，これらの損害が不注意や過失に基づく場合に限定されるものとされている。

⑤ 厳格責任と過失責任

Biodiversity（生物多様性）に対する損害についての過失責任は，意図的な行動を含む過失が立証された場合に適用されることになる。これは，訴える側にとって立証することは難しいのが現状である。そして，環境保護団体は，この要求は，訴えが成功する可能性を低下させると考えて

いる。更に，EU 規則（本指令案第2条1(2)）および各加盟国の自然保護規制上保護される種や生息地だけが対象として包含されているに過ぎない。自然保護地や保護品種を包含するのは本来の趣旨ではなかったが，しかしながら，このタイプの責任がどれだけ多くのケースを包含することになるのかは見当がつかない問題である。

　厳格責任の場合，関係している事業活動が有害な性格のものであれば，事業者は，意図的な行為か否かを問わず，これらの事業活動に繋がるリスクに責任を負うことになる。換言すれば，一般的な考えとして，本来，危険な事業活動に従事しているものは，まず最初に，汚染が発生するのを防ぐ為に，自分の能力がおよぶ限り全ての手段をとらねばならない。もし，十分に注意していなければ，ミスが無くても責任をとるという結果になるわけである。

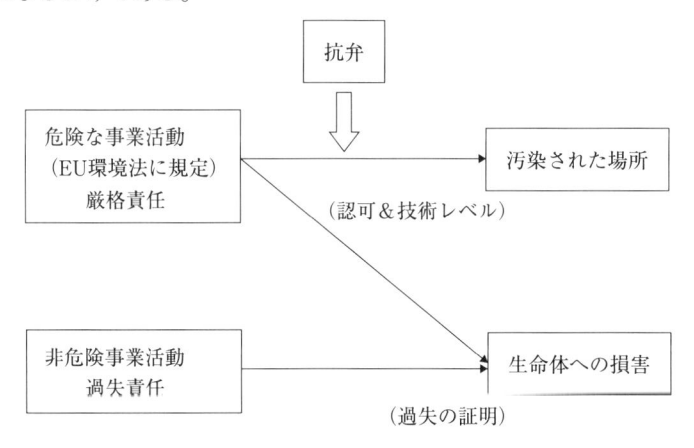

```
                    抗弁
                     ↓
┌──────────────┐        ┌──────────────┐
│ 危険な事業活動 │────────→│ 汚染された場所 │
│（EU環境法に規定）│        └──────────────┘
│   厳格責任    │＼
└──────────────┘ ＼（認可＆技術レベル）
                  ＼
                   ＼
┌──────────────┐    ＼   ┌──────────────┐
│ 非危険事業活動 │────────→│ 生命体への損害 │
│   過失責任    │         └──────────────┘
└──────────────┘   （過失の証明）
```

⑥　免責の抗弁

　厳格責任においては，事業者が危険な事業活動に関する規則に規定されている義務を果たすことができなかったことを，行政当局は立証する必要はない。にも拘わらず，一定の状況下では，事業者は，それらの損害が軍事衝突，異常な自然現象又は第三者による意図的な行為によりもたらされたという"古典的な抗弁"を発動することにより責任を回避す

第6章　EUの環境責任

ることができるとされている（古典的抗弁）。その上，損害が適用法規により認められている排出物や行為により生じた場合，または，事業者に許可が発行されている場合，当該事業者は責任を負わないとされている（"許可による抗弁"）。このことは，事業者による無許可または違法な行為だけが本指令案の範囲ということになるわけである。これに加え，損害が発生した時点の科学技術の知識のレベルでは有害とはみなされない事業活動による損害について事業者は責任をもたないともされている（"技術水準による抗弁"又は"開発リスクの抗弁"）。

　これらの抗弁は明らかに厳格責任の範囲を限定することになるものである。それ故，本指令案の環境責任体制は，過失責任の体制に非常に似通ってくる結果を生じさせる。環境保護団体は，最も厳格な厳格責任を求めており，許可や技術水準の抗弁は許されるべきでないと主張している（本指令案第9条1(c)&(d)の削除を要求）。彼等は，許可や技術水準による免責をも正当化しないとしている。しかし，欧州の産業界は，許可や技術水準の抗弁を歓迎している。産業界側は，本指令案が，許可されている事業活動や損害発生時に有害とみなされていない事業活動に対して，責任を認めることにより現行の規則が崩されることを望んではいない。欧州委員会は，2000年白書では異なる考え方を示していたが，上記2つの抗弁を本指令案に含めることは，本指令案を事業者に受け入れやすいものにしたいとの欧州委員会の希望を表していると言えることになるわけである。

⑦　事業者の特定

　2000年白書の提案とは反対に，本提案は立証責任を転換させていない。立証責任は，基本的にクレームを行うものにある。損害（又は，近い将来環境損害が発生する可能性があると定義される"損害の恐れ"）を受けたと申し立てるものは誰でも合理的な支持できうる証拠を提出すべきである。

　各加盟国の担当当局は，損害を引き起こした事業者を特定し，取るべき回復処置を決定する義務を負っている。この様に，損害の存在が証明され，その損害の原因（例えば，ある特定の事業者）との因果関係が示されなければならない。厳格責任の体制では，因果関係は，実質的に責任

2 EUの環境責任法制

のクレームに対する唯一の普遍的な抗弁である。

多くの異なった事業者が(各自は)ほんの僅かしか関与していない拡散型の汚染の場合，責任ある事業者の特定は実務的には非常に困難であり，安全要請の様な政策的な書類により処理されることになる。"孤児損害"(汚染者を特定できない又は特定された汚染者が破産した)の場合，加盟国自身が汚染を一掃(除去)し，損害を修復することが求められる。これらの加盟国は，行政当局又は産業界により管理される，この目的のために設立された集団的ファンドの仕組みや，事業者による保険付保やその他の財務保証の様な個別の方法に頼ることを決定できる。(本指令案第16条)

本提案は，責任の遡及効を排除している。換言すれば，規則が発効する前に為された事業活動により生じた損害には責任は課されないことになる。しかしながら，環境責任体制が発効する日を跨いだ行為（又は不作為）の一連の動きから生じた損害の場合には問題が起こることになる。その上，幾つかの種類の環境損害や汚染は，徐々に蓄積されるわけである(例えば，家畜による数年間にわたる草の食べ過ぎによりもたらされ，ついに顕著となったBiodiversityの損害など)。

しかし，担当当局が規則発効後の事業活動により損害が引き起こされたということを高レベルの蓋然性と可能性により証明することができる場合には（本指令第19.2条)，立証責任は転換されることになるということが，環境責任に関する欧州委員会の2002年5月7日付けの最終提案ポジション・ペーパーで明確になっている。というのは，この場合，事業活動が規則発効前に為されていたことを立証するのは，事業者側になる。

これらの懸念は，多数当事者間の因果関係という複雑な問題を引き起こすことになる。例えば，複数の事業者の行為や不作為により生じた損害の場合である（本指令案第11条)。本提案では各加盟国に（損害の度合いに応じ）責任配分の方式か連帯責任方式を適用するかどうかを決定させるとしている。本指令案第11条2項は，事業者が，各自の事業活動がどの程度損害に影響を与えたかを証明することにより，連帯責任に対抗することも認めている。

第6章　EUの環境責任

⑧　損害の数量化と保険

　保険の付保が環境責任体制の主要な前提条件であることを考慮し，産業界および保険会社は，常に損害又は潜在的な損害を予見し数量化することを可能にすることが重要であると強調してきた。上述した様に，提案の中では厳格責任がベースとなっているが，限定された有害な事業活動に限定されており，且つ，特別法規に包含されている責任，例えば，原子力，油濁汚染，鉱業の分野での責任はふくまれておらず対象外である。

　保険付保とそのコストは，責任を確立する為に採用される体制（例えば，連帯責任又は責任配分方式か），修復に必要な期間（本指令案第12条では，事業者は，対策がとられた日より5年間修復手続きに服する），立証責任及び免責規定（許可や技術水準の抗弁）に依存している。

　欧州経営者連盟（UIECE）によれば，Biodiversityの定義が不明確で論議の的となり，環境保護団体によれば，その範囲が限定されているとしているが, Biodiversityへの損害に対する保険は，損害を測定し，修復に対するクレームを妨げる基準に依存している。これは，事業者責任（多数当事者責任）を限定する上での立証責任と密接に関係している。Biodiversityの損害に対する保険付保のための重要な要因は，担当当局が不注意や過失を証明しなければならないという点である。

　また，提案は強制保険のスキームについては何ら言及していない。その代わり，特定の様式を要求するかどうかは各国に任せた上で，財務保証の使用を許している。環境保護団体によれば，強制的な財務保証が要求されている。もし，事業者が債務超過で責任を逃れるとすれば，責任は行政当局が負担することになる。事業者は，最も保険上の要求が弱い国で彼等の事業を行うことにより"フォーラム・ショップ"ができるかも知れない。保険会社もこの規定に反対であり，保険のカバーを保証するには，ある程度の付保者を確保する必要があるが，誰に何時付保するかの権限は確保しておきたいと主張している。しかし，補償の限度について決定するのは保険会社ではないということも認識している。何故なら，これらは政治的な決定が必要になるので，強制保険とするかどうかについても同様である。

本提案は修復に支払うべき責任限度額にも言及していない。というのは，欧州委員会はそのような限度額の設定は，民間業者が損害に十分配慮し，妨げようとする意欲をそぐことになると信じている。欧州経営者連盟は，環境責任を単一化する価値を認めているが，保険を付保する能力もビジネスの規模に関係していることを認めている。公的な介入もある時点以降必要となろう。たとえば，英国は，環境損害をカバーする強制的な財務保証は，幾つかの特定の業種，例えば，認可された廃棄物処理，海上石油輸送にのみ要求されている。

損害の見積もりは，保険付保の上で重要である。Annex Ⅱは，事業者や担当当局が行う修復（第2条に規定され，"初歩的"および"補償"行為を決める規則と手続きの枠組み）を示している。それは，又，自然環境が回復するまでの"中間損失（interim losses）"の補償についても規定している。Biodiversityおよび水の損害の場合，初歩的修復の目的は"ベースライン条件"，例えば，損害が発生しなければ，存在していたであろう状態に戻すことであり，人間の健康に対する脅威を取り除くことも含んでいる。

米国商業会議所にとり，この要求は，原始的な地域を除き事実上，不可能であり，損害を受けた生息地や生物種を損害がなかったレベルまで戻すようにすることが現実的なゴールだと主張している。土地に関する損害の場合は，したがい，その目的は現在または"近い将来"の土地の使用に重大な危害が無いように汚染土地を管理することである。本提案は，修復処置の選択に関して担当当局に広範な権限を与えるものとなっている。

(5) EU環境責任法の行方

この2002年の提案は，欧州委員会が環境責任に関して公表していた従来の政策とは大きく異なっている。本提案が現実に公表される以前には，誰もほとんどが，EUの環境責任法制のようなものがでるとは信じていなかった。以前の政策は，進歩しすぎていて，多くの反対や論議を呼んで

第6章　EUの環境責任

おり，決定機関（欧州議会と閣僚理事会）から要求される多数の支持も得ることは困難であったのは事実である。

　しかし，全体的な印象は今や異なっているといえる。この2002年の提案は，意図的に相当穏便なものとされており，2000年白書における最も遠大な要求であるとされた要素は消えている。提案は依然として産業界と環境保護団体からの批判の対象となっているが，これらによるコメントはより守られ，EUの環境責任法制がいまや徐々に現実のものとなっていることを暗黙に受け入れているようである。

　たとえば，数年前の産業界からの批判は遠大な法制度に対して積極的に反対するものであった。この2002年の提案を目の前にして，産業界はもはや，このようなEUの法制度の必要性を問題にしなくなっている。そして環境保護団体はまだ白書の多くの点を望んでいるようではあるが，決して成立するチャンスのないような遠大な提案よりは，穏便なEU環境責任法制を望むという結論に達したようである。

　この2002年の提案が最終的に承認されると，事業者にとっては問題は必ずしも簡単ではない。提案は概略を述べるだけであり，多くの点は加盟国に任せられることになる。つまり，主要な規定だけが調和されるものの，重要な違いは依然として存続するということを意味するわけである。しかしながら，新たなEU法制というものは，現在，環境責任法制をまったく有していない加盟国にとっては，はっきりと大きな違いとなるであろう。

　多くの加盟国は行政当局に「孤児損害」を一掃させるためのなんらの強制的な要求をも有していない。この調和の提案が，より簡易な責任法制を有している国あるいはまったくルールを有していない国において，特別な基盤を有することによって利益を得ようとする企業にとって，十分な抑止力となることが，欧州委員会の言明した希望でもある。

　さらに，Biodiversity（生物多様性）に対する損害に関する提案は，ほとんどすべての加盟国においても新規のものである。これらの規定が承認されれば，大躍進であると考えられるし，またEU域外への影響も与えることになるであろう。

　最後に，本稿を作成中の2003年9月18日に，閣僚理事会は，「環境損害

の事前防止と救済に関する環境責任」[19]と題する環境責任に関する指令案についての共通の立場（Common Position）を正式に表明した。このCommon Positionは，共同決定手続に従って，第二次読会のために欧州議会のほうへ送付されることになる。既に説明したとおり，欧州環境理事会においては，2003年6月13日の会合において，重要な事項について政治的な合意に達しているので，近々，基本的に本指令提案に基づく環境責任のための指令が承認されることになることは間違いのない状況となってきている。もちろん，閣僚理事会により提案された本提案に対する修正などの要求もある点を追記しておきたい。

(1) 加藤信行「環境損害に関する国家責任」（水上千之・西井正弘・臼杵知史編著『国際環境法』（有信堂，2001年5月，148頁）。
(2) 同上　155頁。
(3) 同上　155頁。
(4) 加藤信行「多国籍企業に対する国家の管理」（水上千之・西井正弘・臼杵知史編著『国際環境法』（有信堂，2001年5月，244頁）。
(5) 国際私法立法研究会「契約，不法行為等の準拠法に関する法律試案（二・完）」（民商法雑誌112巻3号495頁）。
(6) 道垣内正人「環境損害に関する民事責任」（水上千之・西井正弘。臼杵知史編著『国際環境法』（有信堂，2001年5月，173頁）。
(7) United States v. Bestfoods, Inc., No. 97-454, 66 U. S. L. W. 4439 (Argued March 24, 1998 ; Decided June 8, 1998).
(8) COM (2002) 17, 23/1/2002.
(9) 75/442/EEC, OJ 1975 L 194/39.
(10) COM (91) 219, OJC251/3.
(11) COM (93) 47, 14/5/1993 ; OJC 149/12.
(12) Directive 85/374, OJL210, 7/8/1985.
(13) COM (89) 282, 15/9/1989 ; OJC 251.
(14) COM (91) 219, 27/6/1991 ; OJC 192.
(15) COM (93) 47, 14/5/1993 ; OJC 149/12.
(16) COM (2002) 17, 23/1/2002.
(17) White Paper on environmental liability ; COM (2000) 66, 9/2/2000.
(18) (Online Publications form Scottish Executive, Sept. 3, 2002, on the Proposal for Directive on Environmental Liability).
(19) 12509/03 (Presse 265).

第7章

環境問題に関する企業の責任
日本企業の動きを中心として

［河村寛治］

1 企業の社会的責任

(1) 社会的責任とは

　企業が経済全体とか社会全体とかのことを考えずに，自己の利益追求のみに集中していたほうが，全体としてはむしろ効率的であったというような社会においては，企業が社会的責任をうんぬんすることは意味のないことであり，また，企業モラルといっても，それは公正かつ正直に自分の利益を追求していること以外の何ものでもなかったはずである。

　しかしながら，今日の企業，特に大企業は，非常に広範な社会的影響力を行使していること，長い目で見れば，我々の文化のあらゆる側面を左右するほどの力をもっているということなどを否定することはできない。企業自身が影響力を行使するという意識を持たなくても，その活動の派生的な影響が，公害問題などのように社会的に重大な結果を招くことがある。

　企業が利益を追求して行くことが社会全体にはかえって有利に働くの

第7章　環境問題に関する企業の責任

であるから，地域社会に多少の犠牲があっても，全体の幸福・福祉のためにはやむをえないというような主張をすることは，最早許される時代ではなくなっている。今や企業は，社会的責任を真剣に自分のものとして考えなければ，社会に受入れられなくなるばかりでなく，企業内部においても，人材の確保ができなくなっており，企業が将来的に存続するためには，社会的責任を中心とした企業モラルを確立することがどうしても必要不可欠な条件となっている。

　企業の生み出す経済的効用が，社会に派生的に及ぼす害悪を相殺して余りある状況でなければ，企業の社会的存在理由すらなくなってしまう。この典型が公害問題——環境問題である。人々が物を欲しがるという物資が欠乏していた時代には，企業の生産活動は社会的に善であり，多少の汚染などは大目に見られたのは事実である。しかし，社会が物質的に豊かになってくると，企業の生み出す製品の社会一般の評価は，以前に比べ相対的に低下し，派生的に発生する汚染被害のほうが多くなり，結果的に，その製品を生産する工場そのものが悪の象徴となってしまった。

　日本において，企業の社会的責任云々は一体いつ始まったかというと，1971年8月のニクソン・ショック以来の投機ブームにより，狂乱物価が出現し，企業批判が高まった時代にさかのぼる。

　公害問題と企業批判が，反企業・反財界意識にまで高まったとき，経済同友会は，「社会と企業の相互信頼の確立を求めて」という提言を発表し，社会から期待される企業像——「企業の活動が社会的要請に合致するとき，企業は発展する」——を具体化した企業の社会的責任遂行の方策として，

① 公害——環境問題，地域社会問題，消費者問題，従業員問題に対する企業の姿勢と対策と成果を盛込んだ営業報告書の作成，
② 地域社会・住民や消費者との対話・意見交換の場の設定，
③ 社会的責任コスト情報収集体制の整備とコスト吸収のための企業体質の強化，
④ テクノロジー・アセスメント体制の整備，

⑤ 働き甲斐のある職場づくりと余暇時間の増加,
⑥ 業界団体の機能の強化
などを強調した[1]。

　その後の1973年10月のオイルショックは，日本経済を悪化させ，南北問題，資源枯渇問題が発生し，日本のGNP至上主義の無限成長体制を支えてきた諸条件が変化し，企業経営のあり方，経営理念そのものの変容が必然化した。無限成長体制から低成長体制への経済体質の変革，減量経営体制の確立，危機の時代に対応する経営理念・社会的責任の再構築がすすめられることとなった。有限にして高価な資源・エネルギーの効率的利用が企業の社会的責任に加えられるとともに，企業活動と福祉向上の両立，住民運動と消費者運動への配慮，地域社会と企業との共栄関係の確立といった企業の社会的環境重視の発想への転換が見られる，と説明するものもいる[2]。

　因みに，企業の「社会的責任」を問題にするとき，まず最初に挙げられるのはヘンリー・フォードが主張した「フォーディズム」である。これは，企業の目的は「公衆に対する奉仕」にあり，利潤はその結果として生ずるものである，とするものである。消費者には良質の安い製品を，労働者には高い賃金を，および企業者・経営者には高い利潤を，機械化の徹底，生産力の向上に基づく原価低減と労働力価値引下げによる「低価格・高賃金・低労務費」の原理によって確保し，その結果として労働組合の賃上げ闘争を回避し，労働組合の存在理由を掘り崩し，企業内での労使協調をはかることを意図することがフォーディズムである[3]。

　これを受け継いだのがドラッカーであり，ドラッカーは企業と社会的環境との関係について，「国家と企業体は同一の基本的信条・原理に基づいて組織されなければならない。企業体が充足させている信条と価値が，社会の公言している信条と価値に矛盾する場合には，産業社会は存続し得ない。市民は，社会の支えとなっている誓約を充分に果たすよう，社会の代表的制度である企業体に要求している。もしも企業体が社会の信条を拒否したり，充分に果たさない場合には，社会はその合理性と統合性を失うであろう。

第7章　環境問題に関する企業の責任

すなわち，社会の信条それ自体が無意味なものになってしまうか，社会は衰微して市民の忠誠を失うに至るかの何れかであろう。」とドラッカーは述べている[(4)]。これは，まさに企業の利潤第一主義，経済成長至上主義といった企業本位の考え方そのものが非難されていることを意味するものである。ここに企業の社会的責任遂行のため，倫理的行動が求められる所以である。

(2) 企業組織と倫理的行動

では企業における倫理的行動の障害となるのは，何であろうか。これは，経営者の価値認識のほかに，企業の組織構造の問題がある。組織の中の人間は，——例えばその人間が個人として最高の考え方をもっているとしても——企業という組織のなかでは，不正な，反倫理的な処置に反対する行為が妨げられる傾向が強くなることになる。非倫理的な処置であるとわかっていても，それに対して忠告したり，それを変更したりする体制が整っていないことが多い。最近では，内部告発制度を設けるなど非倫理的な行為についてもコンプライアンス・プログラムを策定して対応する等の体制が整ってきているところも多い。

また，体制が整っていても，その体制を機能させること，つまり反対することに費やす個人のエネルギーと，その努力を評価することとの間でうまくバランスがとれているとは言い難い状況であるのが一般的である。特にそれが上下関係という力のバランスがより強く影響する状況であれば，より十分な牽制機能が果たされるという状況にないのが普通である。

また，大企業になればなるだけ分業が行なわれる状態になり，その結果として，倫理的に重要な問題を認識し，検討し，あるいは処理するという経営上の諸問題は，日常取組んでいる危険を察知する点で十分機能しなくなり，その危険回避の可能性あるいは選択性すら気づかなくなるか，あるいはその状況が特殊な状況であるとの認識をすることなく一般的な問題として理解してしまうという傾向があるために，あるいは経営者に対する情報伝達がうまく機能しないなどの理由により，これらの問

1 企業の社会的責任

題は適切には解決されないことになってしまう。

　かかる問題に対しては，専門家の職能部門思考および命令服従といった「タテ組織」によって規制された，戦略上の危険・脅威の監視体制はもはや有効ではない。部門や専門性にとらわれない，各自のイニシアティブが発揮されるような「ヨコ組織」が別に必要とされるわけである。

　さらに，このヨコ組織が存在したとしても，これが十分機能するためには，戦略の進行過程を常にオープンにしておき，組織構成員が危険・脅威を敏感に察知できるように，組織が危険・脅威に対して常に学習可能であるように構造化されることが必要であるとの説明[5]もあるが，先に述べたように，組織体制を構築することだけでは機能しないといえる。組織体制を構築することは，最低限必要なことであるが，しかし，かかる構造化だけでは，十分でなく，これがタイミングを失することなく適切に機能するような，経営者をはじめとした組織構成員の意識改革が最も必要とされることになろう。

　倫理的・道徳的に重要な情報が，極端な部門思考のために濾過されたり，また多くの場合，企業の一時的利潤追求のために上司によって握り潰されたりして，充分に経営政策に反映されることがないことがあるが，これは企業倫理の欠如を如実に示していると同時に，企業だけの問題ではなく，企業の自律的な社会的制度としての性格を自ら放棄するものといわなければならない。ここに確固たる倫理・道徳に支えられた企業理念の確立とその実践化が求められるのである[6]。

　戦略的監視と情報の収集・処理は，特定部門の従業員や管理者及び管理部門のスタッフの固有の任務として認識されることが多いが，それらは関係者全員の任務でなければならない。このためにも，従来のライン組織，つまりタテ組織とは異なった横断的組織，つまりヨコ組織が必要となってくる。それぞれの職務を担当する組織構成員は，自己の属する部門やその職務の特性に応じて情報の受け止め方，分析や評価の仕方が当然異なってくる。それぞれの立場において自己の正当性を主張することになる。

　それぞれ異なった正当性の主張を共通的な理解や了解から得られた基準に基づかないで，もっぱらトップダウン的に特定の主観的な基準で

第7章　環境問題に関する企業の責任

もって圧殺することになると，個人のイニシアティブを阻害することになって，組織の活性化を鈍らせると同時に倫理観を麻痺させ，結果として組織の維持存続が困難となる。各部門や職務の関係者が自己の利益を代表しながらも，全体との調和を図り，全体利益と一致させる方向を模索すること，つまり共通の利益基準を作り上げることが必要になってくる。そのためには関係者による対話と協議が必要であり，これが継続することが要求される[7]。

2　産業界の動き

(1)　経済同友会——新世紀企業宣言

経済同友会が1991年1月に発表した「新世紀企業宣言」という提言において，環境問題への取組方針は，「人類の持続的発展に貢献する行動」として，次のような提言をしている。

① 超伝導や燃料電池，核融合など地球に優しい大型技術の開発
② 途上国の発展段階に応じた低公害・低環境負荷技術の積極的な提供と移転
③ 資源リサイクル・システムの採用による省資源化社会モデルの実現

この「新世紀企業宣言」は，「2001年の日本の企業社会を探る」試みであり，21世紀初頭の「企業のあるべき姿」を描き出したものであった。そして，この宣言のねらいは，「社会の繁栄や個人の幸福のために，企業として何ができ，また何をすべきかについて，経営者としての構想を明らかにし，これを世に問うところにある。」としている[8]。この宣言が提唱する企業像，企業責任のあり方，行動理念は，「良き企業市民」たる企業像を描き出しており，21世紀に向けての優れた社会的責任論であるともいえるわけである。

(2) 経団連地球環境憲章

　先に挙げた経済同友会の提言にも見られるように，日本における企業および企業家たちは，環境問題をどのように考えてきたのであろうか。1990年代に入り，日本と世界の状況はバブル経済の崩壊により一変したといえよう。かつてのような高度成長を求める声は小さくなり，長期不況は困るが，着実な安定した成長が求められ，一方，フロンによるオゾン層の破壊や化石燃料の大量消費による温暖化，また世界各地で発生した各種環境破壊が，地球規模で深刻な問題として発生し，自然環境を大切にという機運が高まってきたことは異論がないことといえよう。

　1991年4月に経団連では，「経団連地球環境憲章」を採択し，世界的規模における"持続的発展"を可能とする健全な環境を次代に引継ぐ重要性を述べ，基本理念として「"企業の活動は，……全地球的規模で環境保全が達成される未来社会を実現することにつながるものでなければならず，企業も……環境問題への取組みが自らの存在と活動に必須の要件であることを認識する"」と提言している。

　この中で経団連は，各企業に対し，地球環境問題に対応するための共通的な行動指針を，左記の通り具体的行動指針として提示し，各企業の責任においてその置かれている状況に応じたアクション・プログラムの策定と実効を求めた。

① 環境問題に関する経営方針
② 社内体制
③ 環境影響への配慮
④ 技術開発など
⑤ 緊急時対応
⑥ 広報・啓蒙活動
⑦ 社会との共生
⑧ 海外事業展開
⑨ 環境政策への貢献
⑩ 地球温暖化などへの対応

第7章　環境問題に関する企業の責任

　これは環境保全に熱心な日本産業界の決意の表明であり，日本の多数の企業がその遵守を掲げている。これはまた，個々の企業における環境マネジメントに係わる指針を示すと共に，実際に個々の企業の環境方針策定の基準となっている。

（3）　経団連環境アピール——自主行動宣言

　その後，1996年7月16日には「経団連環境アピール〜21世紀の環境保全に向けた経済界の自主行動宣言〜」を発表した。この中で，21世紀を間近に控え，環境保全とその恵沢の次世代への継承は国民すべての願いであり，我々は資源の浪費に繋がる「使い捨て文明」を見直し，将来の世代ニーズを満たす能力を損なうことなく，現在の世代のニーズを満たす「持続可能な発展」を実現しなければならない。

　その際のキーワードとして，
① 　個人や組織の有り様としての「環境倫理」の再確認，
② 　技術力の向上など，経済性の改善を通じて環境負荷の低減を図る「エコ・エフィシェンシー（環境効率化）の実現，
③ 　「自主的取組」の強化，
の三つが重要であると述べている。

経団連環境アピール
21世紀の環境保全に向けた経済界の自主行動宣言

　経団連地球環境憲章の制定以来5年が経過し，われわれは環境問題への関心を一層深め，内外において積極的な取り組みを展開してきた。しかしながら，特に地球温暖化問題をはじめ，環境問題への取り組みの重要性は益々高まってきているといえるであろう。

　例えば，気候変動枠組み条約の下で先進諸国は2000年のCO_2排出総量を1990年レベルに抑制するとされているが，わが国のCO_2排出総量はむしろ増加傾向がみられる。また，廃棄物対策についても，容器包装リサイクル法の成立等，循環型経済社会に向けての取り組みが始まっているが，かかる社会の実現には，"廃棄物"ではなく"資源"あるいは

2 産業界の動き

"副産物"と位置づける発想の根本的な転換が必要である。

21世紀を間近に控え，環境保全とその恵沢の次世代への継承は国民すべての願いであり，われわれは資源の浪費につながる「使い捨て文明」を見直し，将来の世代のニーズを満たす能力を損なうことなく現在の世代のニーズを満たす「持続可能な発展」を実現しなければならない。その際のキーワードとして，われわれは，

① 個人や組織の有り様としての「環境倫理」の再確認，
② 技術力の向上等，経済性の改善を通じて環境負荷の低減を図る「エコ・エフィシェンシー（環境効率性）」の実現，
③ 「自主的取り組み」の強化，

の3つが重要と考える。

こうした考え方に立ち，われわれはここに，"環境問題への取り組みが企業の存在と活動に必須の要件である"との経団連地球環境憲章の精神に則り，当面する環境分野の重要課題に対し，下記の通り，自主的かつ積極的な責任ある取り組みをさらに進める旨宣言する。

もとより，これらの問題に取り組むにあたっては，企業，消費者・市民・NGO，政府のパートナーシップが不可欠である。国民一人一人が「地球市民」であることを自覚する必要があるが，企業も同様に「地球企業市民」としての意識を持ち，政府や消費者・市民・NGOとの連携を図り，行動する必要がある。また，こうした国民の自覚を促すためにも，企業としても環境教育を支援し，社内外における環境啓発活動に積極的に取り組むことが有効である。

なお，「地球企業市民」として，政府や消費者・市民・NGOと共に考え共に行動するとの観点から，本アピールはインターネット等を通じて広く外部の意見を仰ぎ，地球環境保全に向けた産業毎の自主的行動計画作成をはじめとする今後の取り組みに反映していきたい。

記

1．地球温暖化対策

使い捨て経済の見直しとリサイクル社会の構築，エネルギー効率・炭素利用効率の改善等を基本方針とし，世界最高の技術レベ

ルを維持するとともに，利用可能な技術を途上国に移転することによって地球規模のエネルギー利用効率の改善を目指す。

具体的取り組み：
(1) エネルギー効率の改善等の具体的な目標と方策を織り込んだ産業毎の自主的行動計画の作成と，その進捗状況の定期的レビュー
(2) 都市・産業排熱の回収利用，自然エネルギーのコストダウン，コジェネレーション・複合発電等による化石燃料の利用効率の改善，原子力の安全かつ効率的利用の促進
(3) LCA（ライフ・サイクル・アセスメント）の視点に立った業際間連携によるエネルギー効率の改善
(4) 輸送効率の改善
(5) 省エネ型製品の開発等を通じた民生部門における温暖化対策への協力
(6) 政府との緊密な連携の下，途上国への技術移転のための「共同実施活動」への積極的な参加
(7) 企業自ら，あるいは経団連自然保護基金等を通じた内外における森林保護や植林の推進，等

2．循環型経済社会の構築

資源の浪費につながる使い捨て型経済社会を見直し，循環型に転換すべく，製品の設計から廃棄までのすべての段階で最適な効率を実現する「クリーナー・プロダクション」に努めるとともに，旧来の"ゴミ"の概念をあらため，個別産業の枠を超えて廃棄物を貴重な資源として位置づける。リサイクルを企業経営上の重要課題とし，計画的に廃棄物削減・リサイクルに取り組む。

具体的取り組み：
(1) LCAの視点に立った，廃棄物の発生抑制・再利用やリサイクルの促進・処理の容易性等を念頭に置いた製品開発（モデルチェンジ頻度の再検討等）
(2) 廃棄物の適正処理
(3) 廃製品の回収・処理システムの構築

⑷　業際間連携による廃棄物処理技術の開発等による廃棄物の原料化
　⑸　包装の簡素化とリサイクルの推進
　⑹　環境負荷の少ない製品やリサイクル製品の積極購入，等
3．環境管理システムの構築と環境監査

　環境問題に対する自主的な取り組みと継続的な改善を担保するものとして，環境管理システムを構築し，これを着実に運用するため内部監査を行う。さらに，今秋制定されるISOの環境管理・監査規格は，その策定にあたって日本の経済界が積極的に貢献してきたものであり，製造業・非製造業問わず，有力な手段としてその活用を図る。

具体的取り組み：
　⑴　社内体制未整備企業における環境管理・監査体制の速やかな導入（環境問題担当役員任命，環境担当部門設置，内部監査の実施等）
　⑵　ISO規格に沿った環境管理・監査の実施，もしくはそれに準じた取り組み
　⑶　ISOにおける環境ラベル，環境パフォーマンス評価，LCAの国際規格作りへの積極的参画，等

4．海外事業展開にあたっての環境配慮

　海外生産・開発輸入をはじめ，わが国企業の事業活動の国際的展開は，製造業のみならず金融・物流・サービス等に至るまで，急速に拡大している。経団連地球環境憲章に盛り込まれた「海外事業展開における10の環境配慮事項」[9]遵守はもちろんのこと，海外における事業活動の多様化・増大等に応じた環境配慮に一段と積極的に取り組む。

　この経団連地球環境憲章に盛り込まれた「海外事業展開における10の環境配慮事項」については，海外での企業活動における環境問題を考えるためにも重要な内容であることから，以下，概観することとする。

第7章　環境問題に関する企業の責任

(4) 海外事業展開における10の環境配慮事項

（策定趣旨）

　経団連をはじめとする関係経済団体は，わが国企業が1960年代後半から発展途上国に対する海外投資を中心に海外投資活動を多面的に展開することになったことを踏まえて，1973年に受入国に歓迎される投資と長期的観点からの企業の発展と受入国の開発・発展が両立することを目指して「発展途上国における投資行動の指針」を策定した。

　しかし，その後わが国企業の海外投資が先進国でも多様に展開されるようになったのを背景に，1987年に「海外投資行動指針」を策定した。しかし，この両指針とも環境配慮については，わずかに投資先国社会との協調，融和のために「投資先国の生活・自然環境の保全に十分に努めること」という一行を設けたにすぎない。

　しかし，昨今の日本企業の国際的展開および発展途上国の経済開発に伴う公害問題の発生などに鑑みると，上記一項目をさらに具体的にブレークダウンして，進出企業の参考に供することが必要になってきた。

　もとより，途上国に進出する場合，途上国政府の政策的な面もあり現地企業との提携・合弁会社となる場合が多く，経営の主体が現地途上国企業側にあり，環境保全への投資より生産設備への投資が優先される，環境規制値はあるものの技術面，監視組織面で管理が十分でない場合がある，事前に進出国の環境状況関連情報を入手して対策を講じる必要があっても，基礎的データの不備や入手の困難性等，日本企業だけで解決出来ない問題も多い。しかし，こうした問題はあるものの進出先国の環境保全に万全の策を講じることは，進出企業の良き企業市民としての責務であり，各企業がこの配慮事項を参考にして具体的方針等を策定することを期待する。

（10の環境配慮事項）

1．環境保全に対する積極的な姿勢の明示

　　　　進出先社会における良き企業市民という観点から，環境保全について最新の知見と適切な技術により積極的に対応する旨を明示するとともに，環境保全の重要性について提携先等進出先国関係

2 産業界の動き

者にも十分に理解が得られるように努めること。
2. 進出先国の環境基準等の遵守とさらなる環境保全努力

大気，水質，廃棄物等の環境対策においては，最低限進出先国の環境基準・目標等を遵守することは当然であるが，進出先国の基準がわが国よりゆるやかな場合，あるいは基準がない場合には進出先国の自然社会環境を勘案し，わが国の法令や対策実態をも考慮し，進出先国関係者とも協議の上で進出先国の地域の状況に応じて，適切な環境保全に努めること。なお，有害物質の管理については日本国内並の基準を適用すべきである。

3. 環境アセスメントと事後評価のフィードバック

企業進出に当たっては，環境アセスメントを十分に行って，適切な対応策を講ずるとともに，企業活動開始後においても活動実績とデータ等の蓄積を踏まえて，必要に応じて環境状況の事後評価を行い，対応策に万全を期す。

4. 環境関連技術・ノウハウの移転促進

わが国の進んだ環境管理，測定及び分析などに係わる技術・ノウハウを進出先に移転することが，進出先国のみならず地球的規模での環境保全に貢献するとの認識のもとで，進出先国の関係者と相談し，その技術・ノウハウの移転促進・定着化に出来うる限り協力するよう努めること。

5. 環境管理体制の整備

わが国企業の環境配慮に対する積極的姿勢を示し，環境管理を適切に行うために，環境管理の担当セクションおよび責任者をおき，環境管理に対する責任の明確化等により環境管理体制の整備を行うとともに，環境管理に関する人材育成に努めること。

6. 情報の提供

進出先社会との摩擦を避け，協調融和を図るためには，進出先の従業員，住民，地域社会との日頃からの交流が重要であり，環境対策に関しても適切な形で情報を流すなどして，常日頃から理解を得るように努めること。

7. 環境問題をめぐるトラブルへの適切な対応

トラブルが発生した場合には，進出先国関係者の協力を得て，社会・文化的摩擦になる前に科学的合理的な議論の場で対応出来るように努めること。
8．科学的・合理的な環境対策に資する諸活動への協力
　　進出先国の環境保全対策推進の上で，科学的かつ合理的な環境対策に資する諸活動には出来うる限り協力するように努めること。
9．環境配慮に対する企業広報の推進
　　海外におけるわが国企業活動の実態が，内外において十分に理解されていない現状に鑑み，企業はデータ等を示すなどして環境配慮に関する諸活動を積極的に広報し，情報不足や誤解に基づく非難は避けるように努めること。
10．環境配慮の取組みに対する本社の理解と支援体制の整備
　　日本の本社等は海外における企業の環境配慮に対する取組みの重要性を理解し，必要に応じて技術・情報・専門家等の提供・派遣により支援するよう社内体制等の整備に努めること。

最後に，産業人一人一人も「地球市民」であることの重要性と緊要性を再確認し，一市民としても「持続可能な発展」実現に向けてライフスタイルを転換していく決意を表明する。
　以上のように詳細な環境配慮事項を規定して，企業の海外での事業展開における環境配慮の指針を提供している。

3 個別企業の対応

(1) 環境重視政策

　高度成長時代から，企業と環境問題のかかわりは飛躍的に高まり，環境問題を引起こした加害者として，また，環境対策の当事者として，企業に対する環境問題対応の要求はますます増大してきている。廃棄物処理など一般の消費者も深く関わる環境問題も増加してきているが，企業

としての環境への配慮は，今後21世紀において企業が生き残るためには避けて通ることができない重要な問題となっている。

現在，日本の企業は，バブル崩壊後の不況に晒され，存続をかけて経営体制や経営体質の大改革をしようとしている状況下，この地球環境との調和と戦後高度成長時代を通じて築いてきた日本的な経営とを如何に両立させるかは，別々の新しいことを同時にやり遂げなければいけないという全く初めての試みであり，大変な困難を伴うことが予想される問題である。

一般には，企業経営のなかに環境配慮のためのコストを導入することは，短期的には企業の収益圧迫要因であると考えられていた。特に最近の不況の中で，企業としては生き残りをかけてリストラに取組まざるを得ない状況で，直接収益の向上に繋がらないとされていた環境対策の負担を企業にさせることは，本当に可能なことなのだろうかという疑問も提起されよう。今までの考え方から言えば，環境コストは外部費用であり，人件費などの内部コストとは別であるとされてきた。

しかしながら，製品の製作にあたっては，生産現場で環境負荷をできるかぎり少なくするための設備投資，その過程で発生する廃棄物の適正処理やリサイクルのための費用，さらに環境配慮型製品の研究開発費などは，当然その企業が責任をもって負担しなければならない内部コストなのである。企業に内部化されたコストは，企業を通じて最終的には消費者，顧客，あるいは株主などにより負担されることになる。21世紀には，環境費用を企業の内部コストに取り入れる経営が当たり前の時代になるといわれている[10]。

特に，最近のように環境会計を公表する企業が増えてくると，環境対策にかかる費用とそこから生まれる効果を企業会計のなかで把握し，公表することにより，環境費用は明確に企業の内部コストとして認識され，そのうえで採算性を向上させるというのが，企業経営として要求されることになってきたわけである。環境経営が企業の経営の重大事項といわれる所以である。

経営トップがはっきりした環境重視の経営方針を掲げ，トップダウン方式で取組んでいる企業では，環境コストを負担したり，新製品を開発

することが必ずしも収益圧迫につながっているわけではない。逆に短期的にも企業のイメージを高め，収益向上に繋がるケースが多い。このためほとんどの大企業は，環境対策に相当な力を入れてきており，環境に配慮したやさしい経営として企業活動を売り込むこと，また新しいビジネスチャンスとしての環境ビジネスへの参入に積極的に取組んでいる。

(2) グリーン調達

　第5章で説明したとおり，大手の企業グループでは，取引先企業に対し，「グリーン調達基準書」を配布し，製品・材料・部品の購入先の選定基準として，「ISO14001を認証取得」あるいは「環境マネジメントシステムの構築」を推進中の企業との取引を優先することを明記している。そのなかで，「企業としての環境理念」「組織・環境計画」「環境側面の評価・管理」「環境教育・情報公開」「物流の合理化」などが環境マネジメントシステムの中身として重視され，各取引先に自己診断を求めている。いわゆる「グリーン調達」である。この詳細は後述のとおりであるが，「グリーン調達」を導入している企業は今や非常に増えている。

(3) グリーン調達に関する日本企業の取組み

　第5章では，EU環境法制に対する取組みとして，積極的に産業界の意見を取り入れようとしている英国の例を取り上げ，説明をしてきたが，本項においては，日本の電機メーカーの対応を取り上げ，特にいわゆる「グリーン調達」を推進する動きを見てみることとする。

① 「グリーン調達」推進の背景

　2003年6月20日付の日本経済新聞（朝刊）によれば，「電機メーカー各社が資材調達の段階から取引先に有害物質の使用禁止を求めるグリーン

調達を強化する」との報道がなされている。同報道において，EUが規制する六つの有害物質（カドミウム，鉛，水銀，六価クロム，ポリ臭化ビフェニール，ポリ臭化ジフェニルエーテル）とそれら有害物質を使用する製品・部品・材料・原料（リレー接点，プラスティック安定剤，はんだ材料，プラスティック安定剤，スイッチ，センサー，防さび，耐食表面処理，プリント基板，外装部品）についての説明がされており，同報道からも明らかなように，電機メーカー各社（因みに，同報道で紹介されている電機メーカーは，松下電器産業株式会社，三洋電機株式会社及びシャープ株式会社の三社）における「グリーン調達」推進の動きは，EU環境法制，EUの規制が近々始まることが一つの背景・契機になっていることは否めないと思われる。

　また，2003年9月～10月に行われた日本経済新聞社による「環境経営度調査」（2003年12月11日付日本経済新聞（朝刊））によれば，グリーン調達の自主基準を設けている企業は58.6％にもなっている。

　以下，松下電器産業株式会社，三洋電機株式会社，シャープ株式会社，株式会社東芝，およびキャノン株式会社（以下，各々「松下」，「三洋」，「シャープ」，「東芝」および「キャノン」と略する）の各社のグリーン調達に関する基準書，ガイドライン等情報（注：各社がホームページ等の媒体を通じて，その内容を公表している情報）に基づいて，日本の電機メーカーの「グリーン調達」対応を整理する。

② **各社の「グリーン調達」対応**

【1】　松下グループの対応
　2002年12月1日の「松下電器グループグリーン調達基準書」（松下のホームページ上で公開されている資料）によれば，松下の対応は次の通り。

（i）「グリーン調達」の位置付け・目的
　環境に配慮した商品づくりの推進を図るためには，環境に配慮した資材調達活動が重要，その資材調達活動を推進するための松下グループの指針が必要，かつ，資材調達先の理解なくして活動は困難，環境保全活

動に積極的な資材調達先と共同でグリーン調達を推進したい旨明記されている。

（ⅱ）「グリーン調達」の選定基準
まず，資材調達先の選定について，次の通り基準が示されている。

「……品質，価格，納期，サービス技術開発力等に加え，次の各項のような環境保全活動に意欲的な取り組みを実践している購入先との取引を優先します。

ISO14001を取得していることを基本として次のような取り組みをしていること
　1）環境マネジメントシステム（EMS）を構築し，常に維持向上に努めていること
　2）環境保全活動に関する企業理念・方針を有し，関連会社を含む全部門，全従業員に周知すると共に，一般の人々にも開示していること
　3）環境保全活動を推進する組織および環境管理計画を有すること
　4）法規制や製品アセスメントおよび環境側面を評価・管理するシステムを構築して改善を進めていること
　5）環境保全に関する教育・啓蒙を従業員および関連する業務従事者に対し行っていること
　6）省資源，省エネルギー，排ガス抑制等のための物流合理化に取組んでいること」

次に，資材の選定について，次の通り基準が示されている。
　「資材の選定に当っては，必要な品質・機能・経済的合理性に加え，以下のような環境負荷低減に関する諸項目を満たしている資材を優先的に採用します。
　　1）再生資源ならびにエネルギー等に関する法律・条例に適合していること

3 個別企業の対応

2）別途定める使用禁止物質を含有していないこと
3）別途定める化学物質の含有量が削減されていること
4）使用に当たり，騒音，振動，悪臭等の発生が少ないこと
5）廃棄に当たり，化学物質，大気汚染，水質汚濁，土壌汚染の発生等の環境負荷が低いこと
6）再生資源・部品の使用や小型化等により，省資源化や省エネルギー化が図られていること
7）リサイクル設計がなされていること
8）資材に関する環境情報を公開していること
9）梱包材についても，上記内容と同様，省資源，リサイクル，減量および化学物質の含有量削減等がなされていること。」

（ⅲ）「グリーン調達」の実際の運用について
資材調達先に，環境改善活動の取組みについて，次の通り要請している。
「1）購入先様の環境改善活動の取組状況については，定期的に自主評価を実施し，報告をお願いします。
2）松下電器グループとして環境改善活動の取組み状況について監査をさせて頂くよう要請する場合には，体制の監査を受け入れて頂きますようお願いします。
3）松下グループの事業場に助成を養成される場合には，主管・主担当事業場に相談願います。」

また，資材調達先には，環境改善活動の取組状況を自己評価することができるよう，「グリーン調達　購入先評価リスト」「グリーン調達　資材評価リスト」を提供している。
更に，量産用部品・部材の納入対応について，「エクセレントパートナー（グリーン調達）認定お会社」なる制度を設け，環境負荷禁止物質を不使用であることを保証する資材調達先に，次の通り便宜を与えている。

「特定した環境負荷禁止物質を不使用であることを保証していただ

第7章　環境問題に関する企業の責任

いた会社は定期的に環境管理体制の維持・改善に対する報告をしていただくことで，ロット毎の環境負荷禁止物質の不使用報告（不使用保証書）及び使用材料リストの提出は省略させていただきます。……」

【2】　三洋グループの対応

三洋のホームページ上で公開されている資料によれば，三洋の対応は次の通り。特に「国の内外から，製品に含まれる特定化学物質の削減・不使用の要請が強く求められるようになってきた」ことを取組みの背景としている。

（ⅰ）「グリーン調達」の位置付け・目的

従来のグリーン調達に関する社内規定と社外に公開しているガイドラインを大幅に見直し「グリーン調達基準書」を策定し，この基準により，「環境保全に積極的な仕入先様」から「自らが設定した環境配慮の基準に適合した物品」を購入する「グリーン調達」を積極的に推進するとしている。

（ⅱ）「グリーン調達」の選定基準

次の三つの観点から，資材調達先を検討する。
1）資材調達先の環境マネジメントシステムのレベル
2）資材調達先のグリーン調達推進
3）資材調達先の情報公開

次の三つの観点から，調達資材を検討する。三洋グループのグリーン調達は，「調達する製品・部品・材料に含有されている環境負荷化学物質の適正管理が最重要」と考え，グリーン調達を推進することによって，「環境負荷の少ない工場で製造された環境負荷化学物質の少ない物品を購入することになり，当社向け物品の製造段階での環境負荷の低減ならびに自社製品に含まれる環境負荷化学物質の管理と削減を推進する」としている。

3 個別企業の対応

1）製品アセスメント
2）製品に含まれる環境負荷化学物質
3）製造工程の使用禁止化学物質

【3】 シャープグループの対応
2001年5月の「グリーン調達ガイドライン 第二版」（シャープのホームページ上で公開されている資料）によれば，対応は次の通り。

（ⅰ）「グリーン調達」の位置付け・目的
　資材調達先との連携によって環境保全活動を強化するとともに，環境負荷の少ない資材を調達し，環境負荷の低減と環境リスクの回避を図る必要があり，そのような観点から，資材調達先からの購入に際し，「グリーン調達ガイドライン」の評価基準によるグリーン調達を実施すると謳われている。

（ⅱ）「グリーン調達」の選定基準
　まず，資材調達先の選定について，次の通り基準が示されている（＝「環境管理評価」）。
1）ISO14001を取得しているか，EMAS（Eco-Management & Audit Scheme）を取得している。
2）上記1）以外の場合，次の取り組みを推進している。
　① 環境保全について，企業理念・方針・目標を定めている。
　② 環境に配慮した活動を進めるための組織・体制がある。
　③ 環境関連法規制の入手および順守，環境負荷低減のための目標設定など，環境活動を推進する仕組みがある。
　④ 環境活動の推進状況を確認する仕組みがある。
　⑤ 環境に関する教育や啓発を行っている。
3）部品や資材を調達するときのグリーン調達の仕組みがある。
4）環境保全活動に関する取り組み内容およびその結果を公開している。
5）化学品（液体・粉体・ガス体など）の納入に際して，MSDS（化学物

質安全性データシート；化学品の危険有害性や安全な取り扱い方法，法規制事項などの情報を記載したデータシート）を提供することができる。

次に，資材の選定について，次の通り基準が示されている（=「納入品評価」）。
1）納入品の包装材について環境を配慮した取り組みをしている。
2）有害化学物質を排除するために，「国内法で使用禁止とされる物質」「発癌性ある物質・慢性毒性が明らかな物質」「環境に関わる法規制」「欧州の主たる法規制」「シャープ独自基準」で定める化学物質を含んでいない。
3）使用材料の削減，再生材の使用，リサイクル対応など省資源に取り組んでいる。
4）電力を使用する完成品，ユニット品については消費電力の削減に取り組んでいる。

(ⅲ)「グリーン調達」の実際の運用について
資材調達先に，所定の書式での調査票による評価（環境管理評価，納入品評価）を要請（原則として年1回）し，調達判断をするとのことである。

【4】 東芝グループの対応
2003年6月1日の「商品に関わる材料等のグリーン調達ガイドライン」（東芝のホームページ上で公開されている資料）によれば，東芝の対応は次の通り。

(ⅰ)「グリーン調達」の位置付け・目的
環境に調和した商品作りのため，その一環として，環境保全活動を推進している資材調達先から，環境負荷の小さい製品・部品・材料・原料の調達を推進することが謳われている。

3　個別企業の対応

(ⅱ)　「グリーン調達」の選定基準

まず，資材調達先の選定について，次の通り基準が示されている。ISO14001外部認証の取得を優位とする以下の項目で評価し，評価ランク上位の資材調達先からの調達を優先するとしている。

1）ISO14001外部認証を取得している，または取得計画があること。
2）グリーン調達を実施している，または推進計画があること。
3）環境保全に対し，以下22項目の取組みが積極的になされていること。
　①　環境保全に関する企業理念があること。
　②　環境方針を定め，継続的改善および汚染の予防を誓約していること。
　③　環境方針で環境に関する法令の遵守を誓約していること。
　④　環境方針は文書化され，全従業員に周知されていると共に，一般の人が入手可能であること。
　⑤　環境に関する目的・目標があり，文書化されていること。
　⑥　目的・目標を達成するための責任，手段及び日程を明確にした実行計画が定められていること。
　⑦　目的・目標を達成するための組織，責任者，役割及び権限が定められていること。
　⑧　大気汚染に関して環境影響を評価・管理し，改善に努力していること。
　⑨　水質汚濁に関して環境影響を評価・管理し，改善に努力していること。
　⑩　廃棄物に関して環境影響を評価・管理し，改善に努力していること。
　⑪　資源消費に関して環境影響を評価・管理し，改善に努力していること。
　⑫　エネルギー消費に関して環境影響を評価・管理し，改善に努力していること。
　⑬　悪臭，騒音，振動に関して環境影響を評価・管理し，改善に努力していること。

第 7 章　環境問題に関する企業の責任

　　⑭　納入荷姿の改善，梱包のリユース化・リサイクル化，運搬手段の効率化に積極的に取り組んでいること。
　　⑮　(株) 東芝が定める禁止物質を使用していないこと。
　　⑯　製品アセスメントの仕組みがあること。
　　⑰　緊急事態への対応の仕組みがあること。
　　⑱　環境に関する内部監査の仕組みがあること。
　　⑲　環境関連物質の使用状況調査等，(株) 東芝の環境配慮活動に関する協力要請に対し速やかに対応をしていること。
　　⑳　環境関連の教育・訓練を実施していること。
　　㉑　環境に著しい影響を及ぼす可能性のある作業に従事する者には，別途，適切な教育訓練を実施し，受講状況を管理していること。
　　㉒　自社の環境安全に関する情報を公開していること。

　次に，資材の選定について，次の通り基準が示されている。以下の環境負荷低減に関する項目についてより優れている調達品を優先的に採用するとしている。
　1）省資源；資源の消費が少ないこと。
　2）リユース可能；リユース（再使用）が可能であること。
　3）リサイクル可能；リサイクルが可能であること。
　4）リサイクル材料の利用；リサイクル材料を多く利用していること。
　5）　処理処分の容易性；廃棄されるときに処理や処分が容易なように解体配慮設計されていること，または分解可能なこと。
　6）環境関連物質の含有量；調達品に含有される化学物質が，別表 1 （割愛）の管理ランクに応じ禁止・削減・管理されていること。
　7）　省エネルギー；エネルギーの消費が少ないこと。
　8）　長期使用可能；長期間の使用ができること。

(ⅲ)　「グリーン調達」の実際の運用について
　資材調達先に，所定の書式での調査票による評価を要請（原則として年1回）し，調達判断をするとのことである。特に EU 法規制を意識して，

準拠する法規則として、「欧州 RoHS（電気電子機器に含まれる特定有害物質の使用制限）指令」が明示されている。同様に、欧州 RoHS 指令の特定有害物質（カドミウム、六価クロム、水銀、鉛、ポリ臭化ジフェニルエーテル及びポリ臭化ビフェニール）については2005年4月から原則として含有禁止する旨明記されている。

【5】 キヤノングループの対応
2003年8月の「グリーン調達基準書　部品・材料編」（キヤノンのホームページ上で公開されている資料）によれば、キヤノンの対応は次の通り。
キヤノンのグリーン調達基準書は、部品・材料の調達にあたり、取引先の「環境管理システム」の構築および運用と、その運用の結果として達成される「パフォーマンス」（法規制遵守、環境影響物質の管理、土壌地下水汚染防止対策）の2つの観点で、「事業活動」と「物品」に対し要求事項を設けるなど、グリーン調達に関する基本的な考え方と基準および評価が示されているが、2003年8月より「部品・材料編」と「購買品編」の2つに分かれている。ここでは、「部品・材料編」を取り上げることとする。

(ⅰ) 「グリーン調達」の位置付け・目的
キヤノンが推進する地球環境保全活動の一環としてグリーン調達に取り込むこと、同基準書に基づき資材調達先と共同して環境保全を進め「資源生産性の最大化」に取り組むことが謳われている。

(ⅱ) 「グリーン調達」の選定基準
資材調達先に対して、キヤノンの要求事項に沿った環境保証活動に取り組むこと、また、取り組み結果を自己評価し、それに基づいて改善を進めることを提案している。かつ、要求事項を満たさない資材調達先とは取引を停止すること、要求事項を満たさない物品を購入しないことが特記されている。
要求事項は次の通り。

第7章　環境問題に関する企業の責任

【1】　環境管理システムに関する要求事項
〈1〉　環境管理システムの構築
以下を実行するための責任と手順を定め，文書化すること。

①　経営者の宣言
経営者は，環境管理活動に積極的に取り組むことを明らかにして，全ての従業員に伝達すること。

②　現状調査
次の調査を行なうこと。
（事業活動に関する事項）
・事業活動の環境負荷（エネルギーの使用，化学物質の使用，水の使用，廃棄物の排出など事業活動が環境に与える影響のこと）
・環境関連法規制（大気，水質，土地，天然資源，人およびそれらの相互関係を含む組織の活動を取り巻くものについて定められた法規制，地域の条例，協定のこと。事業を行なう上で遵法が必須であることを注記している。）
・開発，生産，販売時に使用される環境影響物質
・土壌地下水汚染防止対策
（物品に関する事項）
・物品に含まれる環境影響物質

③　目標と計画の策定
現状調査の結果を考慮し，環境負荷軽減を実現するための目標と計画を定めていること。

④　管理者の設定および手順の周知
環境管理システムの管理者を定めること
また，目標を達成するために必要と思われる手順は，文書化し，かつ従業員へ周知すること

⑤ 自己評価
計画の進捗状況，目標の達成状況，本条件の充足を自ら評価し，経営者へ報告すること
問題があれば経営者を含めて解決策を考えること
自己評価の結果を①及び②に反映させて継続的な改善を図ること。

〈2〉 環境管理システムの運営
前出〈1〉に従い，活動していること。

【2】 パフォーマンス（環境管理システムの運営の成果）に関する要求事項
〈1〉 事業活動に関する要求事項

① 法規制の遵守
環境関連法規制を遵守すること

② 開発，生産，販売時に使用される環境影響物質の管理
・「開発，生産，販売時における環境影響物質リスト」に定める環境影響物質を，キヤノンに納入する物品の開発，生産，販売時に使用している場合，その種類，目的及び使用量を把握，記録すること
・同リストで定める，使用禁止物質を使用していないこと
・同リストで定める，削減対象物質の使用を削減していること

③ 土壌地下水汚染防止対策
化学物質の土壌地下水汚染に対し，防止対策を講じていること

〈2〉 物品に関する要求事項
物品に含まれる環境影響物質の管理
・「物品に含まれる環境影響リスト」に定める環境影響物質について，含有の有無，含有量，含有目的および部位を把握，記録すること。また，キヤノンに物品を新規に納入するときは，上記情報を提供す

ること
・同リストで定める,使用禁止物質を含有しないこと
・同リストで定める,使用制限物質についてキヤノンの廃絶計画に従っていること

以上がキヤノングループによるグリーン調達に関する対応である。

③ まとめ

本項で取り上げた,松下,三洋,シャープ,東芝およびキヤノンの五社とも「グリーン調達」への対応は同様である。ポイントを下記する。

1) グリーン調達のガイドラインの策定。
グリーン調達には資材調達先の協力が不可欠であり,環境保全活動を推進する資材調達先より,環境負荷の小さい部品・材料・原料を調達することを目的としたガイドラインが策定されている。

2) グリーン調達の選定基準
資材調達先及び調達品の両面からグリーン調達を推進する基準が謳われている。かつ,選定基準の中に,納期・使用・価格の従来の要素に加え環境保全活動の要素を加味して調達先を総合判断するとガイドラインに謳われている。
資材調達先の評価基準として,「ISO14001外部認証」の取得を謳っていること,調達品の評価基準として,リユース・リサイクル・リサイクル材料使用・処理容易性・省エネ・環境負荷物質の禁止,含有量が謳われている。

3) グリーン調達の実際の運用
環境保全活動は資材調達先の任意とするも,資材調達先に年一回程度,所定の様式での調査票等を提供して,資材調達先の評価を行う形態を取る。

3 個別企業の対応

4）EU 法規制への意識

全体として国内外法令の遵守を謳い，会社によっては EU 法規制の内容を注意的に記載する例が見られる。

5）グリーン調達基準統一の動き

2003年8月26日付の日本経済新聞（朝刊）によれば，「キャノン，NEC，ソニーなど46社は環境対策を施した部品を優先購入するグリーン調達の基準を統一した」との報道がなされている。同報道において，「部品に含まれる有害化学物質など環境データの開示要請項目を29群の化学物質に絞り，電子データを交換するソフトなどのインフラを整備し，情報開示する部品メーカー側の負担を軽減した」とされている。

電機メーカーが部品の環境データの統一で協業する背景として，欧州をはじめとする環境規制の強化と，部品調達先が急増し（例として，キャノンが3,000社，ソニーが4,000社），対象物質や回答様式が電機メーカー各社ばらばらだと部品メーカーの事務作業が追いつかないという事情が同報道で挙げられている。この点，電子情報技術産業協会（JEITA）が取りまとめ役となり，対象物質や電子データを交換するソフトなどのインフラを整備しており，特に対象物質については，JEITA が窓口となり，欧州情報通信技術製造者協会（EICTA），米国電子工業協会（EIA）と協議して決定したと報道されている。

6）中国での規制立法化の動き

同じく2003年8月26日付の日本経済新聞（朝刊）によれば，「国内メーカーが海外への生産移転を進めるのに伴い，部品の現地調達を進めたことも環境データ収集のインフラ整備に動いた理由……中国や東南アジアで新規に取引を始める場合，有害化学物質の使用状況をデータで知ることはリスク管理に欠かせない」と報道されている。

多くの国内メーカーが中国に生産拠点を設立しているが，同時に重要市場とも認識しており，中国の規制立法化の動きについて簡単に触れておく（注：2003年12月22日付の日本経済新聞（朝刊）によれば次の通り中国の状況が報道されている。『中国は家電製品の最大消費国，それに伴い廃棄製

第7章　環境問題に関する企業の責任

品はテレビが年500万台，冷蔵庫が年400万台，洗濯機が年600万台になるとの見方もある。いまは中国に明確なリサイクルの仕組がなく，使用済み製品は消費者が放置するケースがほとんど，こうした「電機ごみ」が社会問題となりつつある』）。

　中国で立法化の動きがあるのは，製品リサイクル法案（「廃旧家電回収利用管理弁法(草案)」,「廃旧パソコン等電子廃棄物回収利用管理弁法(草案)」）及び有害化学物質規制法案（「電子信息産品汚染防治管理弁法（草案)」）であり，いずれも欧州規制を下敷きにしていると思われる。

（ⅰ）　製品リサイクル法

　2004年から北京，上海等の大都市を中心に施行予定であり，テレビ，パソコン，携帯電話，冷蔵庫，洗濯機，エアコン等を対象製品とする。生産者・輸入者が回収とリサイクル費用を負担する。

　なお，2003年12月22日付の日本経済新聞(朝刊)によれば，同リサイクル法の立法状況につき，次の通り報道されている。

　　『中国は使用済み電気製品の再利用を促すため，来年（注：2004年のこと）をメドに「家電リサイクル法」を策定する。……法案は国家発展改革委員会（注：中国におけるマクロ経済政策官庁といわれる）が中心となり，日本や欧米を参考に進めている。対象は国内で販売するテレビ，冷蔵庫，エアコン，洗濯機，パソコンの五品目。委員会は①個人用のほか業務用も含めるか②実際に回収作業を受け持つ組織をどうつくるか——などを詰めており，企業からの意見聴取も始めた。回収費用はメーカー負担が有力という。消費者から費用を直接徴収する日本方式でなく欧州連合（EU）と同じ方式。まず上海や広州など大都市部で試験的に始める見通し。』

（ⅱ）　有害化学物質規制法

　2006年1月ないし7月から実施予定であり，前記製品を始めとするほとんど全ての電子電気機器を対象とする。禁止・規制される物質は欧州規制に同じである。

3 個別企業の対応

　日本，中国の業界レベルでも「中国リサイクル問題」について交流がなされており，2002年5月に，電子情報技術産業協会（JEITA）と中国電子商会（CECC）との間で環境会議が持たれ，日中双方の法律環境，リサイクルへの取組みについて情報交換がなされている。また，2002年9月には，中国政府メンバーで構成される「中国家電リサイクル調査団が来日，経済産業省，環境省，家電製品協会，大手電機メーカー等を訪問，3～5年を目途に，中国の大都市を中心に「試験的なリサイクル」を開始させたいとの意向を表明している。

(4) 排出権取引

　温暖化ガスの削減に向けて，京都議定書の発効が近いと判断され，政府（環境省）は，排出権取引市場を2004年度に開設するということで2003年度内には取引実験などを行うなどという発表がなされていたが（2003年6月22日日本経済新聞），2003年9月3日付けの日本経済新聞によれば，松下電器産業，リコー，住友商事などや，日本経団連および電気事業連合会など100を超える企業や団体が，経済産業省の進める国内の排出権取引制度に参加するという発表がなされている。これは2005年度にも開始するということで，これが動き出すと国内で1兆円ともいわれる排出権市場が動き出すことになる。

　このCO_2の排出権取引とは，CO_2の削減目標を達成できない企業などが，その不足分を他の達成企業から購入し，反対に省エネルギーなどで達成した企業が，余剰分を販売できるという制度である。本書でもすでに説明がなされてきているが，英国などでは既に制度化され，100社以上の企業が参加して動き出しているものであり，またEUにおいても2005年には市場が創設される予定である。日本としては，京都議定書に基づく削減義務が厳しいということから，排出権取引に実績のある商社などが海外から調達して，国内の排出量の多い企業などへの売却をするなど国際的な排出権取引も必要となってくる。

　従来は，経団連などはこれを導入することにより，企業や産業界におけるCO_2の排出の総量規制につながり，企業の事業拡大を妨げかねな

いという懸念から制度の導入に反対していたが，排出権取引が可能となることにより，削減が可能となり，省エネ効果も期待できる，また高いコストをかけて自ら削減するよりは，外部から権利を購入するほうが，負担は少なくなる可能性もあるということで，制度の実施に向けて動き出したものである。

今後は，排出権を購入する場合の損金参入の可否など企業会計ルールや税務上の取扱を詰める必要があるが，経済産業省では産業構造審議会などの審議を経て来年7月までに国内制度の詳細を固めたいとの意向である。これには，環境省も参加することが想定されている。

この排出権取引については，すでに松下電器産業などがグループ内で取引する独自の社内排出権取引制度を創設し運用を始めたり，商社が排出権取引仲介会社などを設立するなど，排出権取引がビジネスとして成立つとの前提で，すでに動き出している。

京都議定書が発効すれば，全世界で20兆円規模になるともいわれている市場であり，商社としては発展途上国に対してエネルギー支援事業を売り込み，その見返りに排出権を獲得するというビジネスなども考えられるわけである。この見返りに排出権を獲得するというものは，京都議定書で認められた京都メカニズムの一つであり，発展途上国に対して省エネや植林事業などで技術や資金で援助した貢献分を排出枠とすることができるという「クリーン開発メカニズム（CDM）」と呼ばれている。

経済産業省としては，排出権の確保に向けて，政府系金融機関や貿易保険あるいは補助金などを利用して，企業が海外において進める地球温暖化ガス排出削減事業などを支援する枠組みを作るなどにも力をいれている。また商社や政府系金融機関などによる排出権確保のための基金などの創設なども行われるようになってきている。

(5) 環境税導入の動き

以上のような排出権取引による温暖化ガス削減戦略が進んでいるが，一方では，温暖化対策のための環境税というものも検討されている。2003年7月25日付けの日本経済新聞によれば，環境省は温暖化ガスの排

出規制に向けて2005年度に導入を目指す,環境税の原案を中央環境審議会専門委員会に報告したとの記事が出ている。既に説明したように,EUにおいては既に導入を実施している国とそうではない国との足並みがそろわず,統一した環境税の導入は難しい状況となっているが,日本では導入に向けた動きが活発化しそうな様子である。

この環境税は,地球温暖化の原因となるCO_2などの温暖化ガスの排出削減を目的としたものであり,京都議定書にて日本が約束した温暖化ガス削減目標の達成を目指すものである。京都議定書では,2008年～2012年に温暖化ガスの排出量を1990年の水準から6％減少させる義務を負担している。そのため温暖化ガスの主要な発生源である化石燃料に課税して消費を抑制しようというものである。

この考え方の基本は,地球の温暖化を制止するにはCO_2の排出を削減する以外にはないことから,CO_2の全排出量を抑制して大気の均衡を回復しなければならないとするものであり,そのための最も効果的な方法としては,CO_2の排出量に対して課税しようとするものである。1991年にスウェーデンで最初に炭素税として導入されたものであるが,その後,様々な方法により課税を試みるようになってきている。

この環境税の具体的な税率や課税方式については,今後議論されることになるが,化石燃料の上流段階である輸入・精製業者を対象として輸入段階で課税する方式,化石燃料の小売段階で課税する方式,およびCO_2の排出量に応じて排出者に課税する方式の三案が検討されてきたが,今回の提案をみると化石燃料の上流段階つまり輸入段階で課税される方式が検討されるという方向性であり,税率は,今後の国の地球温暖化対策の見直しを受けて決定されるようである。この環境税が課税されると既存の石油税などのエネルギー関連税がどうなるかなど,今後議論を詰めなければならない点も多く,また,産業界としても導入により景気への悪影響が出る可能性もあるという理由で反対が多く,今後議論が白熱することは間違いのないことであろう。

4 消費者の環境問題意識

(1) グリーン・コンシューマー

　京都での地球温暖化防止会議や環境ホルモンの人体への影響が話題になり，多くの人が環境問題に関心を示すようになり，また，現実に環境に配慮した行動をとるようになってきている。これらの人々は「グリーン・コンシューマー」と呼ばれ，環境破壊をもたらさない商品の購入や環境の保全を重視した購買や消費を行っている。

　「グリーン・コンシューマー」とは，1988年に英国で，「The Green-Consumer Guide」が出版され，アメリカでも「Shopping for Better World」が出版されて，環境配慮を促す消費者が増えてきたことから，名づけられた環境重視の消費者のことをいう。1997年の電通の「グリーン・コンシューマー意識調査」のデータでも，商品購入時の「環境」意識度では，日用品についての現在の重視点としては「価格」が74％と圧倒的に高く，「健康・安全への配慮」49％，「商品機能」46％で，「環境への配慮」22％となっている。

　また，今後の重視点では，「環境への配慮」が39％と大幅に伸びており，環境保全のためなら商品の価格が多少上がっても我慢すると答えた人が75％もいるということは，如何に一般消費者の環境問題への意識が高いかを証明することになるであろう。これは5年前のデータであり，今やこの比率は大きく増加していると思われる。

　現に1997年12月に発売されたトヨタの「プリウス」は，同タイプのものと比較してもかなり高額であるが，ガソリンエンジンと電気モーターエンジン併用で通常のガソリン車に比べ燃費が格段に良い（28km／1）こともあり，大きな反響を呼んだようである。これはガソリンの消費量を減らし，二酸化炭素の排出量を半減させるということで「環境にやさしい」画期的な車である。他のメーカーもこれに追随し，「エコ・カー」の開発競争を行っている状況である。

(2) グリーン購入ネットワーク

現在,環境への負荷ができるかぎり少ない商品やサービスを,優先的に購入するという活動を積極的に進めているネットワークが「グリーン購入ネットワーク（GPN）」であり,企業,行政,消費者を中心として1996年2月に設立されている。さらには,これら消費者の要求に応ずるために,前述のとおり,企業においても総合的な環境マネジメントの一環として,環境対策に積極的な企業から優先的に部品や材料を調達するという「グリーン調達」の制度を導入するところが増えてきている。

このグリーン購入ネットワークでは,1996年11月7日に「グリーン購入基本原則」[11]（2001年6月12日に改定）を制定しているので,参考にそれをみてみることとする。

［前　文］

現在の大量生産・大量消費・大量廃棄型の経済社会システムとそこから産み出される製品やサービス（以下,製品）は,私たちに物質的に豊かで便利な生活をもたらしましたが,同時に,地球温暖化,オゾン層の破壊,砂漠化,生態系の破壊,資源の枯渇,大気・水・土壌の汚染,増大する廃棄物など深刻な環境問題をもたらしました。私たちは,使い捨て型の社会や製品のあり方を根本から見直し,持続可能な循環型社会を構築していかなければなりません。

そこで,私たち購入者は必要性を十分に考えた購入を心掛け,環境に与える負荷ができるだけ小さい製品の優先的購入を進める必要があります。

本ネットワークは,グリーン購入が環境配慮型製品の市場形成に重要な役割を果たし,市場を通じて環境配慮型製品の開発を促進し,ひいては持続可能な社会の構築に資する極めて有効な手段であるという認識のもとに,わが国におけるグリーン購入の取り組みを促進することを目的としています。

私たち本ネットワークの会員は,購入者としての責任と影響力を認識し,事業活動や生活の中で積極的にグリーン購入に取り組みます。

第7章　環境問題に関する企業の責任

　この基本原則は，グリーン購入を自主的かつ積極的に進めようとするさまざまな個人や組織の役に立つよう，グリーン購入の基本的な考え方をまとめたものです。

　〈グリーン購入とは〉

　購入の必要性を十分に考慮し，品質や価格だけでなく環境のことを考え，環境負荷ができるだけ小さい製品やサービスを，環境負荷の低減に努める事業者から優先して購入すること

　1．「必要性の考慮」

　購入する前に必要性を十分に考える。

　製品やサービスを購入する前にまずその必要性を十分に考えます。製品については，現在所有している製品の修理，リフォームのほか，共同利用・所有，レンタルなども考えます。購入する場合には，数量をできるだけ削減するようにします。

　2．「製品・サービスのライフサイクルの考慮」

　資源採取から廃棄までの製品ライフサイクルにおける多様な環境負荷を考慮して購入する。

　製品やサービス（以下，製品）の購入にあたっては，エネルギー・鉱物・水資源の消費，地球温暖化影響物質やオゾン層破壊物質の放出，大気・水・土壌などの環境を汚染する物質の排出，廃棄物の発生など，多様な環境負荷を考慮します。また，環境への影響の大きさや広がり，地域差，修復に要する時間も配慮すべき要素です。

　製品ライフサイクルのある段階での負荷が相対的に小さくても，他の段階で負荷が大きく，全体としては環境負荷が大きくなってしまうことがあります。製品の環境負荷を評価するためには，資源採取，製造，流通，使用，リサイクル，廃棄の製品ライフサイクル全体を視野に入れて考慮します。

　以下の項目は，製品について考慮すべき主な事項を具体的に挙げたものです。

　2―1．「環境汚染物質等の削減」環境や人の健康に影響を与えるよ

うな物質の使用や排出が削減されていること。

　有害な化学物質，重金属，オゾン層破壊物質などのように，大気・水・土壌など環境中に排出されると人を含めた生態系に悪影響を生ずるおそれのある物質については，使用量が削減され，他の物質で代替されていることを考慮します。

　また，燃焼プロセスなどで生成・排出される窒素酸化物（NOx）やダイオキシンなどの有害物質についても，生成・排出をできる限り抑えるよう設計されているかどうかを考慮します。

2―2．「省資源・省エネルギー」資源やエネルギーの消費が少ないこと。

　金属資源や化石燃料などの資源の中には，今のままの利用を続ければ，あと数十年で枯渇するものが少なくありません。また，石油や石炭などの化石燃料を使用すると，主要な温室効果ガスである二酸化炭素（CO_2）を大気中に放出し，地球温暖化を加速します。そこで，少ない資源やエネルギーで製造され，流通段階や使用中に資源やエネルギーの消費量が少ないことを考慮します。

2―3．「天然資源の持続可能な利用」再生可能な天然資源は持続可能に利用していること。

　森林などの天然資源は，成長量の範囲内で利用する限りは枯渇することのない再生可能な資源です。こうした資源を使用する場合，生態系に与える影響を最小限に抑え，適切な資源管理を行うなど持続可能な利用がなされているかどうかを考慮します。

2―4．「長期使用性」長期間の使用ができること。

　貴重な資源やエネルギーを使ってつくられた製品は，可能な限り長期にわたって使用でき，容易に廃棄物にしないことが必要です。そこで，耐久性，修理や部品交換の容易さ，保守・修理サービスの充実度と期間の長さ，機能拡張性やアップグレード可能性などを考慮します。また，頻繁な買い替えを促すようなモデル

チェンジを控えているかどうかも考慮します。

2—5.「再使用可能性」再使用が可能であること。

　製品や部品をそのままの形状で同じ用途に使用する再使用（リユース）は，一般的にリサイクルより環境負荷が小さいと考えられます。そこで，製品が再使用可能であるように設計されていること，さらに，使用済み製品が回収され，再使用されるシステムがあることを考慮します。

2—6.「リサイクル可能性」リサイクルが可能であること。

　再使用できないものについては，素材ごとに分離・分解・分別し，材料としてさまざまな用途にリサイクルすることが望まれます。そこで，製品にリサイクルしやすい素材を使用していること，素材ごとに分離・分解・分別が容易な設計がされていること，さらに，使用済み製品が回収され，リサイクルされるシステムがあることを考慮します。

2—7.「再生材料等の利用」再生材料や再使用部品を用いていること。

　再生された材料や部品を利用した製品を選んで購入することは，一般的には，省資源，廃棄物の削減，資源回収の促進などに貢献します。また，耐久消費財の中には，回収された後，一部の消耗部品や故障個所を交換するだけでほとんどの部分をそのまま利用して製造される製品もあるので，そうした製品を積極的に購入することが必要です。

2—8.「処理・処分の容易性」廃棄されるときに適正な処理・処分が容易なこと。

　製品は，長期使用，再使用，リサイクルを徹底しても，最終的に焼却処理や埋立処分されるものが出てきます。そこで，可燃・不燃性材料の分解性，有害物質の分別除去の容易性，焼却施設や埋立処分場への負荷などに配慮して設計されている製品を購入す

ることが必要です。

3．「事業者の取り組みの考慮」
環境負荷の低減に努める事業者から製品やサービスを優先して購入する。

購入する製品やサービス（以下，製品）に関する環境負荷を考慮することに加え，製品を設計・製造・販売している事業者が，環境に関する法規制などを遵守し，適切な環境マネジメントを実施し，環境に関する情報を公開するなど，環境負荷低減に積極的に取り組んでいるかどうかを考慮します。

以下の項目は，事業者について考慮すべき主な事項を具体的に挙げたものです。

3―1．「環境マネジメントシステムの導入」組織的に環境改善に取り組むしくみがあること。

事業活動において継続的に環境負荷を低減させるためには，環境方針を持ち，取り組み体制を作り，従業員の環境意識を高め，計画や目標を立てて実行し，その結果を検証して次の行動に活かすことが必要です。

3―2．「環境への取り組み内容」省資源，省エネルギー，化学物質等の管理・削減，グリーン購入，廃棄物の削減などに取り組んでいること。

環境マネジメントシステムの中で事業者が取り組むべき具体的内容としては，公害・災害の防止はもとより，環境配慮型製品の製造・販売，省資源，省エネルギー，自然エネルギーの利用，化学物質等の管理・削減，グリーン購入，廃棄物の発生抑制・リサイクル，環境負荷の小さい包装・物流，事業所周辺の生態系への配慮，環境保護への社会貢献活動などが挙げられます。

3―3．「環境情報の公開」環境情報を積極的に公開していること。

環境マネジメントシステムや環境への取り組みの実績，計画，製品の環境情報など，環境に関わる情報を会社案内や環境報告書，インターネットのホームページ，製品カタログなどさまざまな媒体を通して積極的に情報公開するとともに，購入者とのコミュニケーションに努めることが求められます。

4．「環境情報の入手・活用」

製品・サービスや事業者に関する環境情報を積極的に入手・活用して購入する。

購入判断に活用できる環境情報としては，公的機関やグリーン購入ネットワークなどの第三者機関による環境ラベルやデータブックなどの情報と，事業者自らが発信する製品への環境ラベル表示，製品カタログ，インターネットサイトなどの情報があります。購入にあたっては，これら幅広い情報を積極的に入手・活用するとともに，製造・販売事業者などに環境情報を求めていくことが必要です。

以上のように，グリーン購入基本原則は，消費者が購入する場合はもちろん，企業が製品を生産し，販売するにあたっても非常に重要な視点が規定されている。

(3) グリーン購入法

平成12年5月に循環型社会形成推進基本法の個別法のひとつとして，循環型社会の形成のためには，再生品等の供給面の取組に加え，需要面からの取組が重要であるという観点から，「国等による環境物品等の調達の推進等に関する法律」（グリーン購入法）が制定されている。

この法律は，国等の公的機関が率先して環境物品等（環境負荷低減に資する製品・サービス）の調達を推進するとともに，環境物品等に関する適切な情報提供を促進することにより，需要の転換を図り，持続的発展が可能な社会を構築を推進することを目指している。また，国等の各機関の取組に関することのほか，地方公共団体，事業者及び国民の責務など

についても規定している。

　このグリーン購入法に基づき，平成13年2月に特定調達品目（国等の各機関が重点的に調達を推進する環境物品等の種類）及びその判断の基準等を定めた「環境物品等の調達の推進に関する基本方針」（以下「基本方針」という。）が閣議決定されており，その詳細がわかるようになっている。この特定調達品目及びその判断の基準等については，特定調達物品等の開発・普及の状況，科学的知見の充実等に応じて適宜見直しを行っていくこととしており，平成15年の2月にも品目の追加等に関して基本方針の一部変更を行い，公共工事の品目として13品目の追加等が行われている。

　公共工事に係る特定調達品目については，資材，建設機械，工法及び目的物のそれぞれについて環境負荷低減効果を中心とした検討が行われた結果，特定調達品目の対象としてさらに検討を進めるものを特定調達品目候補群（ロングリスト）として整理されている。

　資　　材　工事への投入物（インプット）のうち，資材について環境負荷低減効果が認められる場合（特定調達品目における例）高炉セメント

　建設機械　工事への投入物（インプット）のうち，建設機械について環境負荷低減効果が認められる場合（特定調達品目における例）排出ガス対策型建設機械

　工　　法　施工段階（プロセス）において環境負荷低減効果が認められる場合（特定調達品目における例）建設汚泥再生処理工法

　目 的 物　維持管理段階（アウトプット）で環境負荷低減効果が認められる場合（特定調達品目における例）屋上緑化

　公共工事については，目的となる工作物（建築物を含む）は，国民の生命，生活に直接的に関連し，長期にわたる安全性や機能が確保されることが必要であるため，資材等の使用に当たっては，実際と同等の条件下での検証及び評価が必要なことや，目的となる工作物の品質及び性能確保に留意する必要があり，また，コストについても，公共工事においては，その縮減に取り組んでいることにも留意する必要がある。

（4） 環境保護

　一方，世界的な環境保護のための運動も盛んになってきている。このなかでも有名なのが，世界有数の規模を誇る環境保護団体である「フレンズ・オブ・アース（地球の友）」や全世界で300万人以上の会員がいるとされている代表的な環境保護団体である「グリーン・ピース」などで，世界各国の企業活動に対し，環境保護を強く訴えている。

　なかでも企業に対し直接影響があると思われるのが，「CERES」（Coalition for Environmentally Responsible Economies）とよばれる米国の環境保護団体であり，この CERES が1989年9月に企業が守るべき環境倫理基準として公表した「ヴァルディーズ原則」である。

　このヴァルディーズは，アラスカ沖で大量の原油流出事件を起こした有名なタンカーの名前であり，この事故に対する反省として纏められた「ヴァルディーズ原則」は次の10項目からなっている。これは「セリーズ原則」[12]とも呼ばれている。

① 生態系に有害な物質の放出抑制
② 天然資源の持続的利用
③ 廃棄物の削減
④ エネルギーの賢明な利用
⑤ 地域や労働者に対する健康上の配慮
⑥ 安全な製品の販売
⑦ 事故に対する十分な補償
⑧ 情報の公開
⑨ 環境問題担当役員の任命
⑩ 環境に関する年次報告書の作成と公表

　この原則は，企業に対しその活動から生じる如何なる災害についても責任を負い，原状回復に努めることを要求しており，また，企業には環境に対する直接的責任があることを明記している。その結果，この損害賠償責任の範囲について，厳し過ぎることから問題であるとさ

れ，企業はこれをそのまま導入しようとはしなかった。その後，この損害賠償責任を緩和することにより，企業にとって受入れ易い内容となった。

5　環境経営

(1)　環境経営とは

　環境管理・環境経営の現状については，前述のアンケート調査によっても明らかであるが，環境庁の『環境にやさしい企業行動調査』によれば，環境に関する経営方針，目標，行動計画，監査を策定，実施している企業が増えている。

　日経エコロジーが1999年2月に実施した株式公開企業（約2800社）を対象としたアンケート調査では，「環境への配慮」は「最優先の経営課題」「可能な限り優先すべき経営課題」との回答が43.6％，「環境マネジメントシステム」を「構築している」「構築していないが，予定はある」との回答は，59.4％，「グリーン購入・調達」を実施しているとの回答は，51.5％，「環境への取組や製品の環境負荷の開示」を未実施との回答は，約50％あるが，また実施している企業もその方法は種々に分かれているが半数近くある[13]。

　このように環境に配慮しつつ，企業の持続的発展を目指す経営が「環境経営」を意味しており，この「環境経営」が企業の将来を左右する重要なキーワードであるとさえ言われるようになってきた。また，「環境経営」を重視することは，環境対策に乗り遅れる企業は，将来生残ることができないという危機感，そして環境を新しいビジネスチャンスとして活用しようとする，前向きで積極的な企業戦略を表わしているともいえる。

第7章　環境問題に関する企業の責任

(2)　個別企業の環境経営方針

①　伊藤忠商事地球環境行動指針

　個々の企業での具体的な対応はというと，私が在籍した伊藤忠商事でも，1993年に「伊藤忠地球環境行動指針」(青い地球と経済成長の両立を図る企業活動)が策定され，地球環境問題への自主的な取組みを開始，さらに1997年に総合商社としては初めてのISO14001認証を取得し，環境マネジメントシステムを構築するとともに，1998年4月には『地球環境問題はその影響が地球的規模の広がりを持つとともに，人類の生存に係わる問題である。国際社会の一員であり，国際総合企業をめざす伊藤忠商事は，地球環境問題を経営方針の最重要事項の一つとして位置づけ，企業理念である「豊かさを担う責任」を果たすべく「青い地球と経済成長の両立を図る企業活動」を行い，また「伊藤忠商事企業行動基準」に示す「環境問題への積極的取組」を推進し，このかけがえのない地球を守り広く社会に貢献する』という基本理念をもった『伊藤忠商事「環境方針」』を策定している。

　この中で，環境への配慮，環境関連諸法規の遵守，環境保全活動の推進，社会との共生，啓発活動の推進を基本方針として定めており，また会社として環境問題に対応する環境担当組織として「地球環境室」を置いている。

【1】　環境への配慮
　事業活動の推進にあたり，自然生態系，地域環境および地球環境の保全に配慮する。
- (イ)　天然資源等の取扱にあたっては，取扱商品のもつ環境への影響を認識し，自然生態系保全に留意した取引を推進する。
- (ロ)　環境汚染の予防措置に努める。
- (ハ)　新規開発・事業投資の計画推進に当たっては，自然生態系や地域の環境に配慮する。

【2】 環境関連諸法規の遵守
　事業活動の推進に当たっては，環境保全に関する我が国および当該国の環境関連諸法規およびその他当社の合意した事項を遵守する。

【3】 環境保全活動の推進
　地球の資源を活用し事業活動を行っていることを認識し，地球温暖化を抑制し，貴重な天然資源を次世代に引き継ぐため，日常の活動の中で，「省エネルギー・省資源」および「廃棄物の削減」に積極的に取り組む。

【4】 社会との共生
　良き企業市民として，次世代の繁栄と人類への貢献を願い，積極的に環境教育に協力し，さらに地球環境保全に係わる基礎研究の支援を行う。

【5】 啓発活動の推進
　環境保全意識および活動の向上を図るため，社員に対し積極的に啓発活動を推進する。さらに，グループ会社に対しても，情報の提供等を通じ環境保全のための啓発活動を推進する。

　これが伊藤忠商事の「環境方針」の基本方針である。同社の環境管理体制は，2003年4月に設置された「企業倫理・コンプライアンス委員会」において，企業理念および企業行動基準の周知徹底ならびに遵守の総括管理を行い，その一環として，地球環境委員会において環境方針など環境関連問題を扱うことになっている。

② **東芝の環境保全基本方針**[14]
　東芝では，1997年「東芝の事業行動基準」および「東芝国際事業行動基準」の改定を行っているが，このなかでも地球資源・環境問題への貢献を行動指針として掲げ，「地球環境保全の重要性を認識し，持続的な発展が可能な社会の実現に資することを目的として，環境保全活動の継続的な改善・向上を推進する」として具体的な環境保全にかかる行動基準を定めている。

第7章　環境問題に関する企業の責任

　「今や地球環境問題は，その言葉どおり，あらゆる地域でさまざまな価値観をもつ人々，企業，社会，国家間で真剣なそして真摯な議論がなされています。

　このような背景の中，東芝グループは「人と，地球の，明日のために。」をグループスローガンに掲げ，このかけがえのない地球環境を健全な状態で次世代に引き継いでいくことが，現存する人間の基本的責務であるとの認識に立ち，この問題解決に向けて企業が重要な役割を担っていることを十分自覚して活動を行なっています。

　私ども東芝グループは，循環型社会の構築に先導的貢献を果たすべく，2000年に発表した第3次の自主行動計画にもとづき環境保全活動を進めて参りました。そして昨年度は「資源の有効活用」「地球温暖化防止活動」「化学物質の管理強化」「環境調和型製品開発」「使用済み製品のリサイクル」の5つの分野それぞれで大きな成果を出す事ができました。特に廃棄物ゼロエミッションについては計画を1年半前倒し達成致しました。

　東芝グループはこの2年間，経営体質を強化するために「01アクションプラン」を推進してまいりました。この間も企業経営に環境マネジメントを一体化させ，従業員一人ひとりが企業の一員であると同時に良き市民として環境問題に取り組んでまいりました。そして今後到来するユビキタス社会においても，持続可能な発展の実現に向け，事業経営の最重要課題の一つとして地球環境問題を位置づけて活動を推進していく所存です。

　ますます進むグローバル化の中で東芝グループは製造業の立場から「つくる，つかう，かえす・いかす」に象徴されたサステナブルな社会構築にオールプロダクツ・トータルプロセスで先進的な貢献を果たしてまいります。すべての人びとにとって地球の未来が素晴らしいものでありますように。

　今回の環境報告書では，これらの成果を分かりやすく編集しました。東芝グループの環境経営の現状と今後のめざすところについてステークホルダの方がたにご理解いただき，また活動に対するご指摘をいただければ幸甚です。」

という形で環境報告書のなかで，環境経営の基本方針を打ち出している。また，さらに具体的な取組みとして，下記の分野ごとの方針が明確にされているわけである。

【1】 環境負荷問題

東芝グループは重電，家電をはじめ，情報通信機器から半導体・電子部品まで，幅広い製品を取り扱っています。製造している製品が多様であり，その種類によって環境負荷は大きく異なります。ここではグループトータルの環境負荷について概観し，持続可能性を検証する指標として活用していきます。図はエネルギー，水，化学物質の使用などのインプットデータ，ならびに水系・大気への環境負荷量や廃棄物などのアウトプットデータを5年間のトレンドで示しています。今後も継続的にデータを収集・分析することで，環境負荷低減活動に活かしていきます。

【2】 地球温暖化防止

東芝はエネルギー効率の良い製品やシステムを提供するとともに，事業場での省エネルギー・CO_2排出削減活動を通じて地球温暖化防止に取り組んでいます。

― CO_2排出削減の目標と実績

　　CO_2排出削減の目標は，売上高CO_2排出原単位で1990年度を基準として，2010年度までに25％改善することです。この目標は，省エネ法の努力義務である年1％改善を上回っています。

　　2002年度の実績は，CO_2排出量で対前年度8％，対1990年度で18％減少しました。また，売上高CO_2排出原単位では対前年度13％，対1990年度で22％改善しました。

　　部門別では半導体など電子デバイス部門のCO_2排出量が，対1990年度12％増加しています。それ以外の情報通信や重電システム，家電部門では，26〜54％減少しています。

　　電子デバイス部門でも売上高CO_2原単位では対1990年度17％改善しており，エネルギー消費効率の改善が進んでいます。

第7章　環境問題に関する企業の責任

【3】　省エネルギー対策

対策は中長期視点，経済合理性，情報公開を基本に，経営的な視点から3つの施策のバランスをとって取り組んでいます。

●管理面の改善

　空調，照明，動力設備などは全域でムダの排除を徹底し，生産工程や試験・検査では工程改善や効率化によって省エネルギーをすすめています。

●省エネルギー投資

　動力設備，生産設備，空調，照明などはエネルギー効率の良い設備やシステムへ置き換えるために，計画的に省エネルギー投資を実行しています。

●クリーンルームの省エネルギー

　半導体を製造するクリーンルームでは清浄度や温湿度条件を厳格に管理しなければならないため，多くの空調用エネルギーが必要です。空調方式の効率化や製造方法を工夫して省エネルギーをすすめています。

　これらの対策を実施し，2002年度は総 CO_2 排出量の2.4％に相当する18,400トン―CO_2 の CO_2 排出削減ができました。

【4】　化学物質対策

化学物質はその用途，種類が多岐にわたり，工業用に生産されている物質だけでも現在約10万種にも及ぶといわれています。化学物質は我々の生活になくてはならないものですが，この有用な化学物質も，その製造，流通，使用，廃棄の各段階で適切な管理が行なわれなかったり，事故が起きれば，深刻な環境汚染を引き起こし人の健康や生態系に有害な影響をもたらす恐れがあります。

　当社の化学物質に対する基本的な考えは，「有害な物質はできるだけ使用しない」，「可能な限り削減・代替化を進める」，「使用する場合は適正

に管理する」ことにおいています。約2,000種の物質を法令とハザードを基準にＡ・Ｂ・Ｃの３つの物質ランクに分け，これと，暴露に相当する排出量との積により物質ごとのリスクを判定して，禁止／削減／管理の３レベルの管理区分を決め，化学物質管理規程に従った管理を実施しています。擬似的ではありますが，ハザードと暴露量の積がリスクであるとするリスクアセスメントの考え方を適用しています。

禁止物質（41種）に対する管理行動は購入を禁止するものです。削減物質（24種）については具体的な目標（環境ボランタリープラン）として「化学物質の排出量を2000年度を基準に2005年度に30％削減」を掲げ，環境負荷の低減を進めています。また管理物質については使用量把握など物質のリスクに応じた適正管理を行なうことで，総合的な化学物質管理を推進しています。

【５】 廃棄物ゼロエミッション

東芝が特徴的なのは，国内事業所の廃棄物ゼロエミッションを達成したと公表したことであり，これについて，東芝は以下のように説明している。

「当社は，かねてより取り組んできた国内事業場の廃棄物ゼロエミッション（達成基準は廃棄物最終処分率１％以下）を達成しました。

当社は，ゼロエミッションを「事業活動に伴い生じる副産物やその他の発生物すべて（総排出量）に対し，各種処理後の埋立処分量を１％以下にすること」とし，企業自主行動計画（環境ボランタリープラン）では2003年度末までに国内18

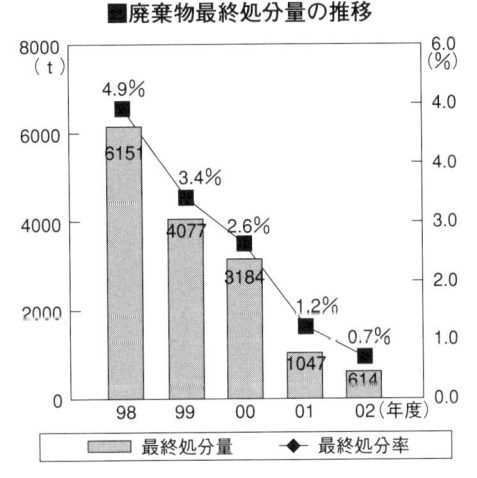

■廃棄物最終処分量の推移

年度	最終処分量(t)	最終処分率(%)
98	6151	4.9
99	4077	3.4
00	3184	2.6
01	1047	1.2
02	614	0.7

第7章　環境問題に関する企業の責任

事業場の合計値でこれを達成することを目標に活動してきました。

自主行動計画を掲げた2000年度の最終処分率は2.6％でしたが順次削減を進め，2002年度は0.7％と期限・数値ともに大幅に目標を前倒ししての達成となりました。」　　　　　　　　　　（東芝，環境報告より）

このように東芝として廃棄物ゼロエミッションを達成したと公表する理由としては，同社の事業は，半導体などの電子デバイスから，発電機器，家庭電器製品など，幅広い領域にわたっており，生産工程で使用する素材もさまざまなものがあることから，排出される廃棄物の種類も多岐にわたり，また，各事業場ごとに地域の部材再生利用ニーズも異なることから，それぞれにおいて最適なゼロエミッション活動を展開する必要があったということからである。

また，これを実行に移すためには徹底した分解と分別管理が必要であり，同社は，これを排出の段階で可能な限りの分別を行なうことを共通課題とし，金属・プラスチック・ガラス混合物についても可能な限り有価物を分離するよう分解廃棄を徹底し，紙や文房具，ビン，缶，タバコの空き箱の外装フィルムに至るまで，職場ごとに，廃棄する段階での分別を実施している，と説明している。

2003年6月30日付けの日本経済新聞記事によると，東芝は，2005年までに，日本国内メーカーとしては初めて，産業用機器を含めた全製品の製造において，有害化学物質を代替品に切り替えると発表している。これは，EUや中国などが，家電などを対象に鉛，水銀，カドミウム，六価クロム，ポリ臭化ビフェニールやポリ臭化ジフェニルエーテルの六品目を使用禁止にするのに対応した措置であり，東芝としては，EU規制の対象製品に加え，重電機器，医療機器や半導体製造装置などにも適用しようというものである。

日本では，電気製品を対象にこのような有害物質の使用を禁じる法律はまだ存在しないが，EUの動きに対して，中国では2006年1月から同じ六品目の使用を禁止する法律が近く公布される予定であり，また韓国でもEUと同じ時期に使用を規制すると言われている。このように法制化

5 環境経営

に先駆けて企業が独自に対応しようとしている点も重要な取組み姿勢であるといえよう。

③ トヨタ自動車地球環境憲章[15]

トヨタ自動車では「21世紀は"環境の世紀"」と命名し，地球環境の保全を経営の最重要課題としてとらえ，様々な視点から環境保全活動に取組んでいる。2002年4月には，長期的に目指すべき経営の方向性を示した指針「2010グローバルビジョン」を策定し，トヨタが目指すべき企業像として，再生社会・循環型社会の到来，ITS社会・ユキピタスネットワーク社会，世界規模でのモータリゼーションの進展，および成熟した人間社会の到来をということを掲げ，地球にフレンドリーな技術で地球再生を牽引するというメッセージを打ち出している。これら環境保全のための基本方針や行動指針などを文書化したものとして，1992年に策定した「地球環境に関するトヨタの取組方針」（トヨタ地球環境憲章）がある。このなかで自動車の環境対策，リサイクル活動，生産段階での環境対策，および環境に関する調査研究，提言活動など，環境保全活動を全社的に推進するため，中長期の具体的な活動目標を定めるために，「トヨタ環境取組みプラン」を作成している。

1998年度からは，「環境報告書」を発行し，事業活動に伴う環境への取組みについての情報開示の充実も努めてきており，2003年度には，「環境報告書」を「Environmental & Social Report」（環境社会報告書）と題して，情報開示の範囲を拡大してきている。

④ 新日本製鉄環境基本方針[16]

新日鉄は，21世紀において環境負荷の少ない持続的発展が可能な社会を目指し，「環境保全型社会の構築」及び「地球規模の環境保全」に貢献すべく，事業活動を行うとして，「環境基本方針」を1972年に設定し，改訂を経て直近のものは，2000年度に作成したものがある。そこでは，

【1】 環境保全型社会の構築への貢献

「環境保全」を経営の根幹と認識し，社をあげた取り組みの成果を踏

第7章　環境問題に関する企業の責任

まえ，地球規模の温暖化問題，循環型社会形成に向けた廃棄物削減・リサイクル，新たな環境負荷物質への対応等の幅広い課題に，積極的に取り組んでいく。

　また，生態系との調和，生活環境の維持・改善，地球的規模の環境保全という視点も踏まえた事業活動を行い，環境保全型社会の構築に貢献していく。

【2】　事業活動の全段階における環境負荷低減

　原材料・資機材の入手から製造・技術開発及び製品の輸送・使用・廃棄まで，すべての段階において，需要家や他産業と連携・協力し，社会とのコミュニケーションを図りながら，自主的な取り組みを中心に据えて，環境負荷の低減に向けた事業活動を推進していく。

　また，製品・エンジニアリングを通じて社会における環境負荷の改善に努めるとともに，社員一人ひとりが，環境問題の重要性を認識し，豊かな環境づくりや地域づくりに積極的に参加していく。

【3】　地球規模の環境保全を通じた国際貢献

　新日鉄は，製鉄所建設をはじめとする，これまで培った国際技術協力の経験を活用して，環境保全・省エネルギー・省資源に資する技術を海外に移転し，「地球規模の環境保全」に貢献していく。

　さらに，この基本計画に基づき，中期環境経営計画というものを策定して，具体的な環境経営計画を実施している。2000年度～2002年度にかけた中期環境計画は以下のとおりである。

【1】　地球環境保全への取組み
－　自主行動計画に沿った生産工程における省エネルギー対策の実行を柱とした地球温暖化対策の推進
－　途上国等におけるCO_2排出削減に向けた各種プロジェクトの実施や，環境対策技術等の技術移転を通じた地球環境保全の推進

【2】 循環型社会の構築への取組み
- 製造過程で発生する副産物の資源化率向上や廃棄物の極少化の追及
- 他産業や社会で発生する副産物当の再利用など省資源・資源の有効活用の促進

【3】 製品・エンジニアリングを通じた環境保全・省エネルギー・省資源化への貢献
- 各需要分野の要求やLCA的視点を踏まえた，低環境負荷製品シリーズ（エコプロダクション）の積極的な開発と市場への提供
- 環境保全・省エネルギーに優れたプラント技術等の国内外への提供による社会における環境負荷の改善

【4】 環境負荷低減対策
- 大気・水質・土壌等これまでの環境対策に加えて，有害汚染物質・特定化学物質など，新しい環境規制への的確な対応
- 自主的な管理の徹底を通じた生産工程の全段階における環境保全活動の実行

(3) 経営理念と環境経営

このように大企業のほとんどは，環境問題に対する企業としての方針を企業の経営理念や企業行動基準の一部として掲げ，そのコンプライアンスを求めている。また，グリーン調達をはじめとして，環境対応の専任組織の設置，環境報告書や環境会計など環境関連情報の開示や企業内部での環境教育・啓家活動も積極的に行っている企業が増えて来ている。

このように環境への負荷の少ない持続可能な社会を作っていくためには，事業者がその活動に伴う環境への負荷を低減すると共に，その能力を活かして環境保全活動に積極的に取組むことが重要であるということはいうまでもないことである。こうした観点から環境保全への取組が企業の重要な目的としてとらえられるようになっているため，今後はいか

第7章 環境問題に関する企業の責任

に環境保全を事業目的のなかに織り込んでいくかが問題となってくるわけである。

事業者が，自主的に環境保全に関する取組を進めるにあたり，環境に関する方針や目標等を自ら設定し，これらの達成に向けて取組んでいくことを「環境経営」あるいは「環境マネジメント」といい，このための体制・手続等を環境マネジメントシステムという。

このように，大企業でその取引先に環境マネジメントシステムの構築を求めて行くようになると，現在のように国内市場が成熟化し，生産力が過剰になっている状況下では，環境マネジメントシステムを構築していない環境対応力のない企業は，生き残ることができなくなると予想される。個々の企業にとっては，今や環境への配慮は企業活動の柱として重要な経営上の地位を確保している。

環境庁地球環境研究総合推進費研究報告『地球環境問題をめぐる消費者の意識と行動が企業戦略に及ぼす影響《企業編》』（地球環境とライフスタイル研究会〔国立環境研究所〕，1997年3月）によると[17]，平成8年10月実施した郵送による調査[18]では，特に次のようなことが明らかとなっている。

① 企業の意識が従来の経済成長中心から環境重視へ変化している。
② 基礎素材型製造業，加工組立て型製造業，建設業などを中心として，五割の企業が環境対策を前向きに捉えている。
③ 業種間に大きな格差がある。特に電気・ガス・熱供給業，製造業，建設業では環境問題への関心が高く，それへの対応も積極的であるが，運輸・通信業，金融・保険業，不動産業，サービス業，卸売業などではその逆である。
④ 上場大企業に著しく高い環境認識と行動が見られる。
⑤ 北米・EU諸国との取引がある企業の環境認識は高い。
⑥ 消費者と企業の環境問題についての認識に乖離がある。
⑦ 企業の側に消費者に対するコミュニケーション努力の不足がみられる。

5　環境経営

　また，対外的な活動としては，環境保全や環境配慮を強調する企業広告なども盛んになってきており，この広告についてもその質を強調した国際規格（ISO14020）が定められている。更に，廃棄物や二酸化炭素排出抑制など環境保全への取組みを積極的に情報公開したり，環境マネジメントシステムへの取組みや環境監査などを積極的に報告するため，「環境報告書」を作成する企業も増えてきている。この「環境報告書」については，ほとんどの大企業ではすでに公表をしているようである。

　また，最近は企業が環境保全に投じた費用と，対策の実施による省資源などの節減効果を金額で表示する「環境会計」を発表するところも出てきている。これらにより，企業の環境配慮の実態が開示されることになり，企業としては「説明責任」を果たしたことで投資家や顧客が企業を評価する重要な指標が増えたことになる。これらの情報活動は，企業のIR活動として，環境リスクの軽減に取組む企業こそが将来にわたって長期的な成長を見込めるとの共通認識が広がってきつつあるなかで，企業にとっては一つのPRともなり，また環境経営の成否を指標として企業を選別しようとしている消費者や株主など投資家に対してもプラスとなることは間違いないことであろう。

　他方，政府のほうも，企業の工場・事業所などから排出される化学物質の量を報告，公表する特定化学物質排出量の把握・管理促進法案を国会に提案し，その運用方針を通産省・環境庁の両省庁で固め，「特定化学物質の環境への排出量の把握等及び管理の促進に関する法律」として，1999年7月13日に公布されている。この法律は，2000年3月29日公布の同法施行令により対象となる事業者や対象化学物質などが明らかにされており，2002年4月1日からは，法に基づく化学物質の排出量等の届出義務が生じており，2003年3月には2001年度実績に関する個別事業所のデータが国民の請求に応じて公開される制度も開始されている。

　この法律は1984年にインドで2000人以上の死者を出したボパールの化学工場での大事故などを契機として，企業が使用する化学物質に関する情報を公表すべきだとする声が高まり，「アジェンダ21」をきっかけに世界各国で導入されるようになったものであり，PRTR（Pollutant Release and Transfer Register；環境汚染物質排出・移動登録）といわれている。

OECD のガイダンスマニュアルによれば，PRTR とは「様々な排出源から排出または移動される潜在的に有害な汚染物質の目録もしくは登録簿」とされており，これは事業者が規制・未規制を含む潜在的に有害な幅広い物質について環境媒体（大気，水，土壌）別の排出量と廃棄物としての移動量を自ら把握し，これを透明かつ客観的なシステムの下，何らかの形で集計し，公表するものである。

今回の法案で規制しようとしている PRTR は，化学物質を使用している企業が，工場などの操業によって環境中に排出したり，廃棄物として処理している化学物質の量を把握して，国や地方自治体に報告し，行政側は報告されたデータをまとめて一般に公開するものである。これによると排出データの取扱は住民などからの請求があれば不正競争防止法の「営業秘密」に該当する場合を除き公開されることになる。

その対象業種は，製造，建設，エネルギーのほか，化学物質を扱う運輸，クリーニングなどのサービス業が対象。製品中の有害物質の情報開示やダイオキシンなどの有害化学物質の排出量の国への報告義務も盛り込まれる。これらは情報開示も開示のための情報であってはならない。企業にとっては，環境マネジメントシステムを確立し，それに則った秩序ある情報開示が求められることになり，環境情報ディスクロージャーが企業の死命を制するともいえる時代である。

世界的にも，OECD 諸国を中心として，PRTR の制度が導入されている。米国のように原則すべてを公表する国と，英国のように物質別排出量のような形で集計した数値のみを公表するところと国によって異なっている。しかし，OECD は加盟各国に対し，PRTR 制度の導入に取組むよう勧告している。

このように「環境」と「持続可能な発展」を如何に共存させていくかという地球環境問題は，世界的にも官民共通の問題として，実質的に実践される時代になってきたといえる。 また，ほとんどの多国籍企業は，後述の通りほぼ統一された環境基準を厳守することを宣言しており，環境報告書により環境情報を開示するところもあり，また多くの国際的業

界も自主的な環境行動規範を策定している。まさに世界規模で地球環境問題が実質的な実践の時代に突入したといえよう。

6 環境マネジメントシステム

(1) 国際標準化

1992年のブラジル・リオデジャネイロでの地球サミットを経て，地球環境問題に対する国際的な関心が高まるなか，地球環境の保全には反対する国はないが，それぞれの国の経済や社会状況の違いにより，具体的な対応の程度は異なっていた。

一方，経済的にはグローバル化が一段と進み，国境を越えての取引が増加してきたことに伴い，環境対策にも国の違いによる不公平感が高まってきたことを背景として，欧米を中心に産業活動による環境破壊を最小限に食い止めるためには，企業の環境問題への積極的取組みが重要であり，企業の環境管理に関する国際規格の制定が最も効果的な手段となるのではということから，ECでは1993年に「EC環境管理・監査スキーム」(EMAS)[44]が採択された。

このEMASは，1995年4月から運用されている環境マネジメントシステムおよび監査に関する制度で，当初は工業分野だけを対象としていたが，1998年に改正され，すべての会社・組織に適用できることとなった。環境報告書の公開を制度取得の要求事項としている点がISOとは異なっている。

更に，国連環境開発会議（UNCED）の音頭で組織された「持続的発展のための産業界会議（BCSD）」の提案で，国際標準化機構（ISO）[45]においても環境に関する国際規格化のため，1993年に「環境マネジメント専門委員会(TC207)」が設置され，ここで検討された環境マネジメント等に関する国際規格が1996年九月に国際規格（ISO14000シリーズ）として制定された。日本では，同じ時期に国際一致規格として，JISQ14000の国家

第7章　環境問題に関する企業の責任

規格が制定された。

「ISO」とは，物資やサービスの国際交換の容易化を目的として1947年に設置された民間機関である国際標準化機構（International Organization for Standardization）の略称で，各種国際規格を制定する全世界的な非政府間機構である。終戦直後の1946年にロンドンで行われた国連の規格調整委員会により，万国規格統一協会（ISA）の業務を継続する機関として設けられた。ギリシャ語のISOSが「等しいこと」「一様性」を意味することもあり，ISOと略称されることになった。本部はジュネーブにあり，現在130カ国以上が参加。日本は1952年に加入し，現在，常任理事国となっている。現在，品質管理と環境管理につきマネジメント規格ができ，安全管理，危機管理および個人情報保護に関し，それぞれのマネジメント規格が検討されている。

(2) ISO14001とは

地球環境の保全に関する国際規格としてのISO14000シリーズは，環境マネジメントシステム，環境監査，エコラベル，環境パフォーマンス評価，ライフサイクル・アセスメントおよび用語定義という内容に分かれているが，この内，環境マネジメントシステムがISO14001であり，企業が環境保全に取組むべき社内の体制などの「環境に関する経営システム」の仕様および利用の手引きを定めている。

このシステムは，まず組織としての環境方針を確立し，これに基づき，「計画」—「実施・運用」—「点検・是正措置」—「経営者による見直し」というサイクルを経て，継続的改善につなげることが期待されており，所謂PDCAサイクル（Plan-Do-Check-Action）を援用している。

これは，企業が守るべき環境基準の規格化ではなく，企業が生産活動等を行う際の環境負荷の影響を考えたマネジメントやソフト面をどうするかという規格である。

具体的には，企業・事務所等の組織が，経営活動の一環として法令等の規制基準を遵守することにとどまらず，企業がどういう環境方針を持ち，自主的，積極的に目的・目標を定め，どういう組織で，どういう項

6 環境マネジメントシステム

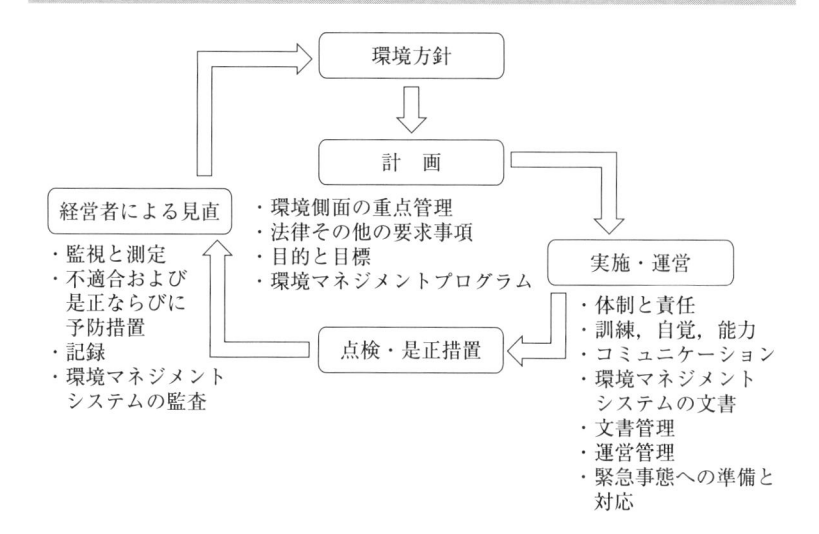

```
                    環境方針
                       ↓
                    計　画
経営者による見直  ・環境側面の重点管理
・監視と測定      ・法律その他の要求事項
・不適合および    ・目的と目標        実施・運営
  是正ならびに    ・環境マネジメントプログラム
  予防措置                          ・体制と責任
・記録            点検・是正措置    ・訓練，自覚，能力
・環境マネジメント                  ・コミュニケーション
  システムの監査                    ・環境マネジメント
                                      システムの文書
                                    ・文書管理
                                    ・運営管理
                                    ・緊急事態への準備と
                                      対応
```

目をチェックしているか，そしてチェックした結果がどうであったか，どこをどう直したらよいかを，確認するものである。

　この意味で，この規格は環境パフォーマンスの規格ではなく，企業の方針，計画，行動等の企業のマネジメントを定めた規格であり，全従業員を参加させた一種の経営システムであるといえよう。これは今まで規格化されていなかった企業のマネジメントを規格化したものとして評価できるであろうし，企業でこのISO14001の取得をすることは，環境問題だけでなく，経営の仕組みの雛形を提示しているものといえる。さらに取得企業として経営活動全般について，全社一体となり，この規格を利用して企業の経営のあり方を考えることにも役に立つであろう。導入した企業では実務面でも，責任分担や情報の流れが明確になる利点があるとも言われている。

(3)　環境マネジメントシステムのメリット

　環境マネジメントシステム構築のメリットとしては，ISO14004「環境マネジメントシステム――原則，システム及び支援技法の一般指針」で示されており，

第7章　環境問題に関する企業の責任

① 経営者による環境保全方針が明確になり，是正措置よりは予防的手段のほうが優先される，
② 法規を遵守し，継続的改善を目指すことが社会にアッピールできる。
③ それにより競争上の優位性や経済的な利益を得ることができるとしている。

　ISO14001の認証を受けると，「環境保全に取組む，環境にやさしい企業」としての企業イメージの向上に繋がり，社会的信用が増し，取引先との関係強化やグリーン調達制度など新規の取引先の開拓の面でも有利となると同時に，社内的に業務の改善や社員の資質の向上にも繋がるという点が期待できる。従って，現在 ISO14001の認証を取得する企業が非常に多くなっている。日本規格協会がまとめた日本国内におけるISO14001認証の取得件数は，2002年度末で11,893件となっており，所得件数は順調に増加しているようである（2003年6月5日付け日本経済新聞）。

　このように ISO14001の認証の取得が活発化しているのは。環境保全に対する要求がますます厳しくなり，環境に配慮した企業活動の姿勢や環境を重視した企業経営というものが厳しくチェックされることによるといえるであろう。この ISO14001の認証の取得のためには，自主的な環境活動の基本としての環境マネジメントシステム（EMS）が不可欠であり，上記に説明したように，PDCA のサイクルを繰り返すことにより，より効果的な EMS を機能させることができるわけである。

　この ISO 規格の限界は，環境パフォーマンスに関する絶対的要求事項を規定しているわけでなく，具体的取組みは個々の企業に任されており，この規格の採用そのものが最適な環境上の成果を保証するわけではないこと，また，企業にとっても認証を受ける義務はなく，法的拘束力をもたないことである。

　しかしながら，ISO14001認証の取得は，環境重視企業としてのイメージアップに繋がるだけでなく，グリーン調達制度として，環境問題に敏感な欧米企業や政府との間および大手企業との取引資格となっており，

すでに説明した通り，現に大手電機メーカーあたりは，部品や資材調達の取引資格に ISO14001 の取得を義務づけているケースも出てきている。

　企業の環境対策は複雑多岐にわたっており，企業が単独で環境マネジメントに取組んでも，関連する取引先が環境対策に消極的な場合には，結果として総合的な環境対策はできないことになる。関連企業も含めた総合的な環境マネジメントが必要不可欠となる。このため関連取引先にも ISO14001 の認証の取得や環境マネジメントシステムの構築を要求すること（グリーン調達）は避けられない。この動きは多くの取引先を巻込みながら，さらに広がることとなろう。これは大企業だけの問題ではなく，中小の企業にとっても，今後生き残るためには最も必要なこととなろう。

7　ライフサイクル・アセスメント（LCA）

(1) LCA とは

　最近重要視されてきたのは，資源の採取から，製造，加工，販売，使用，リサイクル，および廃棄に至るまでの一連の各工程で，投入されるエネルギーおよび資源と，排出される各種汚染物質などの環境負荷を定量的に分析・把握し，トータルな環境改善を実行しようとする「ライフサイクル・アセスメント（LCA）」である。

　この LCA（Life Cycle Assessment）が誕生したのは1960年代にコカ・コーラ社のビンが環境に与える影響を評価する方法の研究からであるといわれている。この国際規格化は1991年の地球サミットから「アジェンダ21」への対応の一つとして検討されたもので，1997年に LCA の一般原則が「ISO14040」として発行された。つまり，ISO14000シリーズの一部を構成するものである。ISO14041は，インベントリー分析，ISO14042は，環境評価，ISO14043は，解釈を扱っている。

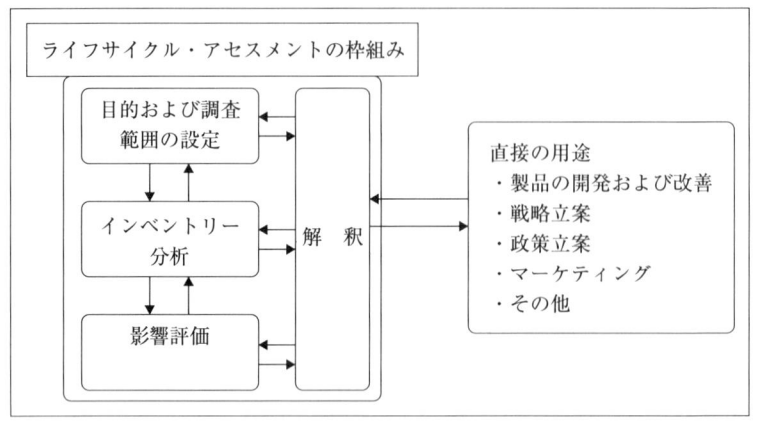

第7章　環境問題に関する企業の責任

```
┌─────────────────────────────────────────────────────────┐
│ ライフサイクル・アセスメントの枠組み                    │
│                                                         │
│    ┌──────────────┐                    ┌──────────────┐ │
│    │目的および調査│◄──┐            ┌──►│直接の用途    │ │
│    │範囲の設定    │   │            │   │・製品の開発および改善│
│    └──────┬───────┘   │            │   │・戦略立案    │ │
│           ▲           ▼            │   │・政策立案    │ │
│    ┌──────▼───────┐ ┌────┐         │   │・マーケティング│ │
│    │インベントリー│◄┤解釈│◄────────┤   │・その他      │ │
│    │分析          │ │    │         │   └──────────────┘ │
│    └──────┬───────┘ └────┘         │                    │
│           ▲           ▲            │                    │
│    ┌──────▼───────┐   │            │                    │
│    │影響評価      │◄──┘            │                    │
│    └──────────────┘                │                    │
└─────────────────────────────────────────────────────────┘
```

(『企業のための環境法』（有斐閣，2002年11月，257頁から））

(2) LCAの目的

　これは環境管理の一つの手法であり，最近施行された容器リサイクル法や家電リサイクル法などにより，企業や消費者が環境負荷の度合を製品選択の基準にすることが，今後ますます要求されるようになるとの予想で，そのためにも環境負荷の度合がより少ない製品の生産・販売，またリサイクル率のアップを目指したり，工場の運営でもコジェネレーション・システムの導入により省コスト・省エネルギーを目指すなど，様々な過程での環境対策を行うというものである。

　このLCAを用いることにより，企業は，

① 製品の製造から廃棄・リサイクルに至る製品の寿命全体をとらえつつ，商品設計を行うことが可能となり，
② どの段階で環境負荷が発生しているかを客観的に認識できるようになるので，効果的に環境負荷を削減できる，
③ 製品のライフサイクル全体を考慮した最適化設計が可能となる，
④ 次世代製品の企画，開発の意思決定を行う際の指針が得られる，また，
⑤ 消費者に科学的な情報を提供し，コミュニケーションの促進が図

られる，といったメリットが得られることが期待される。

　LCAを実施する上での最大の課題の一つは，インベントリ分析に必要なデータの収集であり，今後データベースの整備やデータ収集が重要である。しかしながら，このLCAは，今後の環境経営を支える重要な戦術となるのも遠い将来ではない。

8　環境監査

(1)　環境監査とは

　グローバル・スタンダードを採用する際に，必ず組込まれなければならない基本的な手段に監査がある。監査は企業の株主に対する責任，および企業の社会的責任を果たすという最低限の要求事項を満たす為の手段である。株主に対してはもちろんのこと，企業としての利害関係者，特に環境問題についてはその企業の製品の購入者，およびその企業の工場などの近隣住民に対し，環境問題に関し法律や社会慣行などを遵守しているかどうか，環境マネジメントシステムが機能しているかどうか，などにつき，十分な監査を行い，その結果を公表するということが，企業の社会的責任の一部であるといえよう。

(2)　環境監査ガイドライン

　1989年に国際商業会議所（ICC）が発表した「効果的な環境監査のためのICCガイドライン」では，環境監査は，①企業の環境保全措置上の慣行に係わる経営管理を促進し，②法令遵守を含む当該企業の環境法律の遵守状況を評価する。これにより，当該企業の環境に係わる組織，管理者および諸設備が環境を保護する目的を如何に果たしているかの評価を，系統的に且つ文書化して，定期的および客観的に行う管理手段である」と説明しており，この考え方に沿い，環境マネジメントシステムの監査

第7章　環境問題に関する企業の責任

につき環境監査指針の一般原則（ISO14010），監査手順の指針（ISO14011）および監査人資格（ISO14012）が採用され，環境監査も会計監査や品質監査と同様にこの国際標準により標準化されている。

(3)　環境監査による具体的問題

この企業の環境監査については，米国や英国，ドイツなどで，企業提携，企業買収，や不動産買収などを行うときに必ず実施されるものであり，提携相手や買収先の所有不動産の環境面の調査の結果は，売買価格や交渉条件の設定にも大きく影響するものである。欧米企業が環境調査を気にするのは，将来負担するかもしれない環境リスクから身を守るためである。

米国では，スーパーファンド法により，土壌汚染や地下水汚染が発覚した場合には，土地を所有する企業のみならず，資金を貸しつけた銀行や保険会社なども，汚染土壌の浄化費用あるいは修復費用を負担させられることがあることから，企業買収や不動産買収で最大の難関は環境監査であるとまでいわれるほど，関係者が気にする問題である。現実に買収後に莫大な費用の請求をうけた例は後を絶たない。

この米国のスーパーファンド法とは，土壌汚染に関して，1980年に米国で制定された「Comprehensive Environmental Response, Compensation and Liability Act (CERCLA)」および1986年制定の改正法「Superfund Amendments and Reauthrization Act (SARA)」のことである。有害物質により土壌・水・大気などの汚染が発生した場合，その浄化費用を広い範囲の関係者に負担させるものである。

最近は，日本企業のリストラあるいは不良債権処理の一環で，日本企業や日本の不動産を外資企業が買収する例が多くなってきているが，この環境監査の問題は，企業会計の監査と同様，当然に問題となるものであり，売主にとっても欠くことができない重要な問題である。日本でも土壌汚染防止法が成立したが，この環境関連情報の開示および環境問題に対する適切な対応を行っているかどうか，という点は買収する側の企業にとっては非常に重要な問題となるわけである。つまり環境監査が求

められる所以がある。

　一般的に環境監査を行う主体は企業自身で，環境方針に基づいた目標を設定し，そのための計画作成と達成度の評価を自主的に行うことであったが，最近は客観性を保つため，第三者機関に監査を依頼するという環境監査が多くなってきている。また，KPMGなど国際的な監査法人も，企業が作成した環境報告書の審査業務を始め，欧州で利用されている基準をもとに審査し，第三者意見をつけると発表している。環境監査は環境パフォーマンス監査と環境マネジメントシステム監査に分かれている。

　今までの例からみれば，企業の環境管理システム，環境リスクの管理手段など環境対策やその情報開示システムが，環境監査の最も重要な事項として挙げられることになる。後述の通り，この環境監査の結果については，環境報告書の一部として積極的に情報公開する企業が増えつつあることは，非常に望ましいことであるといえよう。

9　環境会計

(1)　環境会計とは

　企業にとって環境対策のための投下したコストやその効果は，従来の企業の損益計算書などの財務会計手法では評価が難しく，その算出方法も企業毎にまちまちなため，その基準作りが検討課題となっていた。前述の日経エコロジーによる「環境経営実践度調査」によると，実施している企業は一社のみで,「費用や効果の定義，範囲が不明確」(33.6%)「十分な知識が得られない」(20.8%) とする企業が多かった[19]。

(2)　環境会計ガイドライン

　国連では，国際会計・報告基準専門家政府間作業部会において，環境会計についての検討が進められており，1991年に作成された報告書では，

第7章　環境問題に関する企業の責任

ドイツの化学工業会における産業ガイドラインを具体例として取上げており，1993年にはカナダの会計士協会が研究報告書「環境コストと環境負債」を発表している。米国環境保護庁では，1995年に「経営管理手法としての環境会計入門」を発行し，環境コストの例示を挙げている。現在，国連や米国環境庁などでその検討を進めている環境会計基準などを基に，環境省は企業が環境会計を導入する際のガイドライン案を発表し，2002年3月に改訂した上で「環境会計ガイドライン（2002年版）」を公表している。

その内容は，「環境保全コスト」と「環境保全対策に伴う経済効果」という観点から対比されるものであり，環境保全に投じた投資や経費を，①公害防止や廃棄物の処理など環境対策に対する直接費用，②ISO14001の認証取得や社員に対する環境教育など間接的な費用，③生産・販売した製品のリサイクルにかかった費用，④環境配慮型製品の開発研究費用，⑤環境データの公表など社会的費用，⑥土壌汚染の修復などその他費用に分類している。また，環境保全効果については，環境負荷量やその増減をみるために環境保全コストに対応した形で明示することとしている。環境保全対策に伴う経済効果については，企業の利益の貢献した部分であり，実質的な効果だけでなく，推定的な効果も算定されるべきであるとしている。これにより，企業は環境会計を開示しやすい土壌が整うことになる。

いずれにしても，企業がこのような環境に関連した費用対効果に関する情報を開示するという環境会計の導入を急ぐのは，リサイクルや化学物質管理など環境対策が増大し，経営者が費用対効果を判断できるデータが必要になってきたこと，および投資家も企業評価の指標として環境会計に関心を高めているためである。

(3)　日本企業の環境会計

日本の企業では，トヨタや富士通をはじめとする大手企業が，1998年から1999年にかけて，はじめて「環境会計」をまとめ公表するようになってきている[20]。この富士通のケースでは，1999年三月期の連結

ベースで環境対策の実施による省資源などの節減効果が環境保全に投じた費用を40億円上回ったと発表されている。

富士通では，相次ぐ規制の強化や消費者の環境意識の高まりで環境対策費用は，確実に増大することから，費用対効果の定量のデータを示すことにより，コスト意識を高めることができ，さらには経営トップも費用対効果の極大化に向けた意思決定をしやすくする効果が，また，グループ会社の環境対策の進捗度を評価する材料としても有益であると，この環境会計の評価をしている。

この環境会計導入の目的は，
① 環境に対して経営資源をどの様に配分しているかを明確にできること，
② 環境に関するコストを把握することでコストダウンに結び付けることができること，
③ 環境報告書などに掲載することで，経営者や社員に環境に関する社内情報を提供でき，かつ株主や地域住民への情報開示ができること，さらには
④ 環境対策の度合で銘柄を選ぶ投資信託「エコファンド」など有利な資金調達のためにも利用される可能性が出てきたことである。

10 環境報告書の公開

(1) 環境報告書とは

ここ数年，企業の活動が地球に与える影響や環境問題に対する取組などを詳細に公開するため，環境報告書を公表する日本企業も非常に増えている。今まではどちらかというと環境問題に関心の高かった大企業が行うものであるとの認識が高かったわけであるが，この環境情報の開示の問題は，大企業のみならず，中堅企業や中小企業にとっても重大な課題となりつつある。

環境報告書とは，事業者が事業活動に伴って発生させる環境に対する

第7章　環境問題に関する企業の責任

影響の程度やその影響を削減するための自主的な取組を公表するものであり，環境行動計画，環境声明書や環境アクションプランなども含む。すでに説明したトヨタや新日本製鉄あるいは東芝の場合も，その情報源はこの環境報告書であり，環境に関する経営方針や，環境マネジメントおよび後述の環境会計など，環境に関連する情報を開示している。

　また，情報開示しているうちでも環境報告書を発行している企業の報告書でも，「環境負荷低減の取組」や「廃棄物の定量データ」については記載しているものの，「排出有害物質の定量データ」，「自社の事故や汚染」，「環境関連の商品などの定量データ」や「環境関連の設備投資額と内容」は，まだ情報量としては非常に少ないようである。

　これらは今後必ずしも環境報告書のなかで開示されていくものとは限らないが，環境会計，PRTR などで開示されていくことになるかもしれない。いずれにしても，企業の環境情報に関しての説明責任は，企業が果たしていかなければならない重要な義務である。さもなくば，21世紀には生き残ることができなくなる可能性があるということになろう。

(2)　海外における環境報告書の記載内容

　環境報告書の記載内容としては，現在のところ ISO で開示が要求されているのは環境方針のみであり，環境パフォーマンス評価に関する規格（ISO14031）作成作業が行なわれているが，いずれも ISO の認証取得の要件でないため，環境マネジメント監査制度の構成要素とはなっていない状況である。

　その他の動きとしては，1999年3月にロンドンで，環境報告書に関する国際会議が開催されたが，これは米ボストンに本部を置く CERES（環境に責任を持つ経済のための連合）が，1998年5月に「グローバル・リポーティング・イニシアティブ（GRI）」という団体を中心に着手した環境報告書の標準化作業につき，国連環境計画（UNEP），持続可能な発展のための世界産業人会議（WBCSD），ストックホルム環境研究所（SEI），英国公認会計士協会（ACCA），およびロンドン・インペリアル・カレッジ（Imperial College）を加えた六団体の共催で開かれたものである。

この議論の中で,「企業の報告書は環境事項だけに特化したものでは不十分である」とし,社会的事項や経済的事項を含んだ「サステナビリティ(企業の持続可能性)報告書」とすべきであるとの見解を示している。そして,この環境報告書の構成要素については,

① 経営トップの環境対策に対する基本方針(経営理念),
② 環境負荷削減の目的・目標,
③ 環境マネジメントシステムおよび体制,
④ 廃棄物や CO_2 の排出量など環境パフォーマンス情報,
⑤ 第三者意見,

がその骨格を構成するとしている。

(4) EUにおける環境報告書の記載内容

EUにおいては,EU環境管理監査規則(EMAS)[21]において1993年6月に採択されたものがあり,そこで求められる環境報告書の内容は,

① 当該工場での企業活動に関する記述,
② 関与する活動に関連するすべての重要な環境問題の評価,
③ 汚染物資の排出量,廃棄物の発生量,原料・エネルギー・水の消費量,騒音,など,
④ 環境上のパフォーマンスに関するその他の要因,
⑤ 当該工場で実施されている企業の環境に関する方針,計画,管理システムの説明,
⑥ 次回の環境声明書の提出期限,
⑦ 公認環境監査人の氏名

などである。これからみるとEUでは企業の環境情報をできるかぎり公表させようという動きになっているといえよう。

（5） 日本における環境報告書の記載内容

　わが国でも環境省が1997年に環境報告書作成ガイドラインを策定し，普及を図ってきたが，それが2001年2月に全面的に改訂されて「環境報告書ガイドライン2000版」[22]として公表されている。このガイドラインは前述のGRIなどの国際的なガイドラインを参考にしながら作成されたものであり，環境報告書の重要性を訴えると同時に，報告書のあり方および報告書における記載事項などを説明している。

　このガイドラインの説明書によると，現在上場企業の15％以上が環境報告書を作成し公表しているようである。そしてその環境報告書の作成・公表の目的としては，企業の環境に対する取組みのPRのため，利害関係者とのコミュニケーションのため，自社における環境に関する社員教育のため，などという目的に加え，情報提供等の社会的責任というものも指摘されている。これは企業として環境に関する実態を正確に伝えることが企業の社会的責任の一環であるということが認識されてきているということであり，このような企業努力が企業戦略としても重要であるということになっている。

　一方，経済産業省においても2001年6月に「環境レポーティングガイドライン2001」と題するガイドラインを公表しており，環境報告書の公表にあたって対象を重視するということから，利害関係者の視点を重視する方針がとられている。

　また，環境情報の開示については，環境報告書のみならず，環境ラベルやPRTRなど多様化してきている。これら情報の多様化の状況下，企業としては企業内部の環境情報システムを構築し，経営トップの方針の下，一貫した情報開示戦略を採用することが重要である。その対象も，消費者から，株主・投資家，金融機関，ならびに地域住民と非常に幅広く広がっているが，その利用者毎に適切な情報開示手段を選択することも要求されるようになってきている。

　　（1）　鈴木幸毅「環境問題と企業責任」（中央経済社　1997年増補版，120頁）。
　　（2）　同上，121頁。

（3） 同上，122頁。
（4） P. F. Drucker：The New Society-The Anatomy of Industrial Order-, 1950現代経営研究会訳『新しい社会と新しい経営』(ダイアモンド社，1962年，46頁)。
（5） 鈴木辰治「現代企業の経営と倫理」(文眞堂　1992年，124頁)。
（6） 同上，137頁。
（7） 同上，147頁。
（8） 同上，163頁。
（9） (http://www.keidanren.or.jp/japanese/profile/pro002/p02002.html)
（10） 三橋　規宏「地球環境と日本経済──21世紀の課題に挑む企業人」(岩波書店1999年4月1日)。
（11） (http://eco.goo.ne.jp/gpn/index.html)
（12） 改正後のものが「セリーズ原則」である。(http://www.ceres.org)
（13） 「環境経営実践度調査」(日経エコロジー　1999年4月号)。
（14） (http://www.toshiba.co.jp/env/01/index.htm)
（15） (http://www.toyota.co.jp/company/eco/envrep_index/index.html)
（16） (http://www0.nsc.co.jp/kankyou/)
（17） 環境庁国立環境研究所が住友生命総合研究所に委託して実施した「地球環境問題をめぐる消費者の意識と行動が企業戦略に及ぼす影響」調査。
（18） サンプル数6000社 (上場企業2304社，非上場企業3696社)，有効回収数2093社，回収率34.9％。
（19） 日経エコロジー (1999年4月号)。
（20） 日本経済新聞記事 (1999年5月20日)。
（21） Eco-Management and Audit Scheme；環境管理・環境監査規則であり，1995年EUにおいて運用された環境マネジメントシステムおよび監査に関する制度である。事業者の参加は自由であるが，参加事業者の環境声明書は事業所の国の直轄機関への登録がなされ，外部のものが閲覧できるようになっている。
（22） (http://www.env.go.jp/policy/report/h12-02/00.pdf)

むすび——今後の課題

　1999年5月に公表された「平成11年版環境白書」では，環境保全を経済成長の足を引っ張る外部要因とする見方を変え，環境コストを市場の内部に取り込む市場経済のグリーン化とも言うべき方向を提示している。このなかで資源生産性，環境効率性，環境設計，エコデザインなど，新しい指標や概念をいくつも示して，産業構造の変革を説いている。さらに消費行動にも焦点を当て，化学物質による環境問題や環境教育など，生活のグリーン化を提案している。

　「環境経営の本質は，「ゼロ」への絶え間ない挑戦だ。極限の目標は企業の潜在能力を引き出し，経営の無駄を徹底して排除する。それは利益の拡大に貢献し，消費者や投資家からの信頼を勝ち取ることにもつながるはずだ。環境は二十一世紀の経営改革を支える原動力である。」と今後の環境問題への挑戦を述べる人もいる[1]。理想的にはその通りである。

　しかし，現状の日本企業の状況をみる限り，果たして全ての企業に今これを要求することが可能かという問題も同時に考えなければならない。一方，企業としても今までのような「エンドパイプ対応」のような，問題が発生したときに対応するということだけでは環境問題を解決することができないこと，および環境問題の重要性ならびに将来的な展望をもって環境問題に対応しなければならないことは十分認識しているはずである。企業にとって限られた経営資源を如何に配分するかということは，個々の企業の経営判断であり，企業の存続をまず優先するということであれば，それに任せざるをえない事項である。

　現状から言えば，長期的な対応としてはともかく，短期的にはまず企業自身の生き残り策への経営資源の分配が優先されることになろう。これはある程度はやむを得ないことといえる。しかし，世界的には，環境保全への対応という環境経営は，最早後回しにすることができない重要な経営事項となっており，これを無視しては生き残れないこともまた否

むすび ── 今後の課題

定できない事実である。現実には，ここ5年間においても，大手の企業は，環境問題を企業の経営理念の一部，それも優先的な課題として認識し，環境経営を企業の経営方針の中心的なものとして，対応するようになってきている。

このように世界的にも，環境保全を最優先するという環境経営が主流になってくると，そのなかでは環境保全を優先するということも生き残りの要件となってくる。また，環境保全技術の点では日本企業は先進企業であり，この利点を利用することが，逆に企業としての生き残りの原動力になるともいえよう。

一方，環境問題というのは，その複雑さからいうと，法的な規制では全面的に対応しきれない問題である。企業の自発的な活動が果たすべき役割は非常に大きいといえる。かかる状況下では，環境問題に対する規制も，一方的な対応をするよりは企業の体力に合わせ，企業がより環境保全に経営資源を投下しやすい環境を創出することがまず重要であり，そのために政府の財政的援助はもちろんのこと，官民一体とした対応が望まれる，またそのために時間がかかるとすれば，これもある程度はやむを得ないことといえよう。結果的にはこれが逆に最も効率的な環境保全への対応になるのではとも考えられる。

物質循環と自然との共生を確保する経済社会システムへの転換には，時間がかかることを認識しなければならないが，同時に企業も一般消費者も，また政府も含め，すべての社会の構成員が，これに向かい協力し合うことが最も今求められることである。そのためにも，現在企業が積極的に対応しようとしている情報開示の姿勢は評価できるものであるが，行政側の情報開示姿勢が遅れていることは残念でならない。

環境保全に対する具体的な対応は企業や消費者の自発的な活動に頼るしかないが，環境問題を全体的に把握し，環境保全の全体計画を策定するのは行政である。行政を含めたすべてが，総合的に，かつ有機的に機能するのでなければ，企業だけでなく，人類も21世紀に生き残ることは難しいこととなってしまうであろう。今まさに最も求められる最大のことといえよう。

むすび——今後の課題

　最後に，本稿をまとめながら，環境問題についての最近の企業の動きをあらためて考えることができ，企業が組織として生き残るため，本格的に環境問題に取組んでいることが見えてきたことは，非常にうれしい限りである。しかしながら，個々の企業の努力だけではどうにもならないこともあり，一般消費者や行政当局も共に考えていかなければならないことがほとんどであるということをあらためて認識したわけである。

　本稿は，EUにおける環境法の動き，および企業を含めたEU当局の環境問題に関する動きを見ながら，EUがやはり，環境保護の点では最新の動きをしていることを認識し，EU内で活動している日本企業としてやはり避けて通ることができないものが環境問題であることを改めて認識したわけである。企業が抱える環境問題に関し，企業経営のあり方という観点から企業の責任をみてみようということで，EU環境法と企業責任と題することとしたが，その試みが成功したかどうかはわからない。しかし，企業にとっては，この環境問題と企業責任という問題は差し迫った非常に重要な問題であることは，理解していただいたことであろう。その意味では，このような形でまとめることができたのは，筆者一同，望外の喜びである。

　（1）「環境経営——ゼロマネジメントへの挑戦」（日本経済新聞社，1999年4月，215頁）。

索　引

A～Z

Amenity-related-Problems 2
Annex I 168
Auto-Oil 1 96
Auto-Oil 2 97
BAT 参照文書 40
BCSD 9, 233
Biodiversity（生物多様性）........... 168
BREF 40
Buyout Price 110
CDM 208
CEFIC 85, 86
CERCLA 20, 240
CERES 218, 244
Clean Air For Europe 99
CMR 物質 80, 84
CO2の削減目標 207
CO2排出削減の目標 223
COP1 10
COP3 10
COREPER 57
CSR（企業の社会的責任）...... 138, 145
Deep Pocket 163
DETR（環境・運輸・地方省）..... 108
Discussion Paper 121, 142
Distant Sale 129
DTI (Department of Trade and Industry) 142
EC 環境管理・監査スキーム 233
EC 条約 45, 48, 51, 55
EC 条約95条 51, 64
EC 条約175条 51, 64
EC の環境政策 31
Eco-Design（環境設計）...... 128, 136
EEE 66

EIA 指令 40
EINECS（既存産業化学物質の欧州目録）................................ 77
EIPPCB 40
EMAS 135, 197, 233, 245
EMAS 規則 39, 42
EMAS 制度 42
EMS 194, 236
Energy Intensive Installation 108
Environmental Damage 2
EU 環境管理監査規則 245
EU 環境対策 41
EU 環境法 .... iii, iv
EU 環境法制 193
EU 規制 226
EU 統合 32
EU の環境政策 33
EU の環境問題 iii
EU の統合 31
EU バブル 106
EU 法規制 205
EuP 指令 139
EUPD 136
EURATOM 7, 32
Finance Guarantees 143
front payment（費用前払い方式）... 133
GPN 211
Grand-fathering 145
GRI 244
HFC（ハイドロフルオロカーボン）...... 117
ICCA 90
Incentive Money 113
IPPC 指令 39, 40, 99
ISO 9, 234
ISO14000シリーズ 135
ISO14001 234

251

索　引

ISO14001外部認証 ………… 199, 204
ISO14010 ……………………… 240
ISO14011 ……………………… 240
ISO14012 ……………………… 240
ISO14040 ……………………… 237
ISO14041 ……………………… 237
ISO14042 ……………………… 237
ISO14043 ……………………… 237
JBCE ……………………………… 59
JEITA …………………………… 205
LCA ……………………………… 237
Liability ………………………… 147
Life Cycle Assessment ……… 237
MSDS …………………………… 198
Natura 2000ネットワーク・プログラム ……………………………… 37
Nature-related-Problems ……… 2
NGO …………………………… 49, 58, 64
OECD …………………………… 90
OEM 製品 ……………………… 129
Opt-Out 方式 ………………… 126
PDCA …………………………… 236
PDCA サイクル ……………… 234
PFC（パーフルオロカーボン）…… 117
Plan-Do-Check-Action ……… 234
Pollution Damage ……………… 2
Pollution-related-Problems …… 2
PRTR …………………………… 232
PRTR（Pollutant Release and Transfer Register）…………… 30
REACH …………………………… 83
Responsibility ………………… 147
RoHS 指令 ……………… ii, 47, 121
SARA …………………………… 240
SEA 指令 ……………………… 41
SRI（社会的責任投資）………… 141
TC207 ………………………… 233
the End of Use product Directive（EUPD）……………………… 134
Trader ………………………… 114
Umbrella Agreement ………… 109
UNCED ………………………… 233
Underlying Agreement ……… 109
UNEP ……………………………… 7
Visible Fee …………… 125, 126, 143
WCED …………………………… 8
WEEE（電気・電子機器廃棄物に関する指令）………………… 47, 121

あ　行

Rフレーズ ……………………… 80
悪臭 ……………………………… 15
　——および土壌汚染 ………… 20
アクション・プログラム …… 183
亜酸化窒素 ………………… 92, 117
アジェンダ21 …… 3, 9, 12, 30, 232, 237
足尾鉱毒事件 ………………… 14
アムステルダム条約 … 32, 34, 46, 51, 54
アモコ・カディス号事件 …… 153
アラスカ沖タンカー事件 …… 17
安全上または環境保護の理由 …… 134
アンモニア ……………………… 95
硫黄酸化物 ……………………… 93
域外適用 …………………… 149, 150
イタリア・セベソ事件 ………… 16
一酸化炭素 ……………………… 94
伊藤忠地球環境行動指針 …… 220
インド・ボパール事件 …… 16, 153
浦安漁民騒動事件 …………… 14
英国気候変動プログラム（UK Climate Change Program）……… 107
英国産業連盟（Confederation of British Industry-CBI）……… 130
英国排出権取引制度（Emission Trading System-ETS）……… 113
エコ・エフィシェンシー ……… 184
エコ・カー ……………………… 210
エコファンド …………………… 243
エコラベル ……………………… 234
Sフレーズ ……………………… 80
エネルギー税 ………………… 106

索　引

Ｆガス ……………………………… 92
エンドパイプ対応 ………………… 14
欧州委員会 ……………… 39, 55, 159
欧州議会 …………………… 32, 57
欧州経営者連盟（UIECE）………… 172
欧州裁判所 ………………………… 58
欧州社会党（PES）………………… 57
欧州自由・民主・改革党（ELDR）… 57
欧州人民党（EPP）………………… 57
欧州連合条約 ……………………… 31
大阪国際空港公害訴訟事件 ……… 15
汚染者（環境被害の加害者）……… 33
汚染者負担の原則（Polluter Pays
　　Principle）…………… 34, 46, 48, 49
汚染被害 …………………………… 2
オゾン ……………………………… 94
オゾン層（の）破壊 ……… 2, 5, 17, 23
温室効果ガス ……………………… 91
温暖化ガス ………………………… 22
　　── 削減戦略 ………………… 208
　　── の排出権 ………………… 25
　　── の排出権取引 …………… 11
温暖化対策 ……………………… 208
　　── 推進法 …………………… 22
　　── 法 ………………………… 22
温暖化防止対策 …………………… 21

か　行

カーディフ首脳会議 ……………… 35
カーディフ・プロセス …………… 35
海外投資行動指針 ……………… 188
改正廃棄物処理法 ………………… 19
開発リスクの抗弁 ……………… 170
海洋汚染防止法 …………………… 15
海洋汚染問題 ……………………… 30
海洋や淡水の汚染 ………………… 5
カイロ・ガイドライン …………… 7
化学物質安全性データシート …… 198
化学物質規制 ……………………… 76
化学物質対策 …………………… 224
拡大生産者責任（Extended Producers
　　Responsibility - EPR）…… 21, 133, 139
閣僚理事会 ………………… 32, 57
過失責任 ………………………… 162
　　── 主義 …………………… 151
　　── の原則 ………………… 148
家電リサイクル法 ………………… 20
カドミウム ……………… 95, 193, 226
株式会社東芝 …………………… 193
下流使用業者（Downstream
　　User）………………………… 83, 86
環境アクションプラン ………… 244
環境アセスメント …………… 16, 189
環境アセスメント法 …………… 17
環境意識 ………………………… 215
環境影響アセスメント（EIA）…… 41
環境影響アセスメント指令 …… 39
環境影響評価 …………………… 16
環境影響評価法 ………………… 17
環境影響物質リスト …………… 203
環境影響リスト ………………… 203
環境汚染 ………………………… 224
　　── 物質等の削減 ………… 212
　　── 物質排出・移動登録 … 232
環境会計 ………………………… 241
　　── ガイドライン ………… 241
環境監査 ………………… 234, 239
　　── ガイドライン ………… 239
　　── 指針の一般原則 ……… 240
環境管理 ………………………… 219
　　──・監査スキーム ……… 39
　　──・監査スキーム規則 … 42
　　── システム … 187, 201, 202, 203
　　── 体制 …………………… 189
　　── 評価 …………………… 197
環境関連技術ノウハウ ………… 189
環境関連法規制 ………… 202, 203
環境基本計画 …………………17, 22
環境基本法 …………………… 6, 17, 18
環境基本方針 …………………… 227
環境経営 ………………… 219, 229, 230
環境行動計画（Environmental

253

索 引

Action Program) ……… ii, 33, 35, 46
環境行動計画 ………………… 244
環境コスト ……………………… 242
環境重視企業 ………………… 236
環境重視政策 ………………… 190
環境情報の公開 ……………… 215
環境税 ………………… 105, 208, 209
環境声明書 …………………… 244
環境責任 ……………………… 147
　──体制 …………………… 167
　──法制 …………………… 160
環境総局（DG Environment）…… 56
環境損害 ……………………… 168
　──および事前予防原則 …… 158
　──の事前防止 …………… 174
環境庁 ……………………… 15, 16
環境データ …………………… 242
環境と開発に関する国連会議 … 3, 5, 11
環境と健康・生活の質 ………… 37
環境2010 ……………………… 36
環境配慮型製品 ……………… 191
環境白書 ……………………… 23
環境パフォーマンス監査 ……… 241
環境パフォーマンス評価 … 187, 234
環境負債 ……………………… 242
環境負荷 ………………… 212, 238
　──低減 …………………… 215
　──の低減 ………………… 212
　──問題 …………………… 223
環境への配慮 ………………… 210
環境法 ………………………… iii
環境報告書 ………… 216, 223, 243
　──作成ガイドライン ……… 246
環境方針 ………………… 221, 244
環境保護 ……………………… 218
環境保全コスト ……………… 242
環境保全対策に伴う経済効果 … 242
環境ボランタリープラン ……… 225
環境ホルモン ………………… 210
環境マネジメント ………… 215, 230
　──システム ……… 9, 194, 215, 230,

234, 235, 236
　──システム監査 ………… 241
　──専門委員会 …………… 233
環境と開発に関する国連会議 …… 8
環境と開発に関する世界委員会 …… 8
監査手順の指針 ……………… 240
監査人資格 …………………… 240
企業総局（DG Enterprize）……… 56
企業組織 ……………………… 180
企業の社会的責任 …………… 177
企業間売買取引（B to B 売買取引）… 71
企業モラル …………………… 178
企業倫理 ………………… 181, 221
気候変動 ……………………… 37
　──賦課金 ………………… 107
　──賦課金免除証書（Levy
　　Exemption Certificate-LE S）… 110
　──プログラム …………… 107
技術水準による抗弁 ………… 170
基準量（Baseline）…………… 115
規則（Regulation）………… 53, 54
揮発性有機化合物 …………… 95
キャノン株式会社 …………… 193
救済に関する環境責任 ……… 175
協議過程（Consultation Process）… 121
共通の立場（Common Position）… 54, 175
共同議定書 …………………… 158
共同決定手続 ………………… 54
共同実施（joint Implementation）… 10, 117
共同責任方式（Joint Liability）…… 162
共同不法行為論 ……………… 15
共同補償システム …………… 161
京都会議 ………………… 10, 105
京都議定書 ………… 10, 22, 25, 207
許可による抗弁 ……………… 170
熊本と新潟の水俣病 ………… 15
クリーナー・プロダクション …… 186
クリーン・アップ（浄化）計画 …… 93
クリーン開発のメカニズムの実施 … 10

索 引

クリーン開発メカニズム（Clean Development Mechanism）… 117, 208
グリーン購入 ………………………… 212
　──基本原則 ………………… 211, 216
　──ネットワーク ……………… 211
グリーン購入法 ……………………… 216
グリーン・コンシューマー ………… 210
グリーン調達 …… ii, 26, 141, 192, 196, 198, 199, 200, 201, 211, 229, 237
　──ガイドライン ……………… 197
　──基準書 …………… 192, 196, 201
　──基準統一 …………………… 205
　──制度 ………………………… 237
　──のガイドライン …………… 204
　──の選定基準 ………………… 204
グリーン・ピース …………………… 218
グリーン・ペーパー … 47, 156, 160, 161
クリーンルーム ……………………… 224
グローバル・アセスメント ………… 35
グローバル・スタンダード ………… 239
グローバル・リポーティング・イニシアティブ ……………………… 244
警戒値（Alert thresholds） ………… 94
経済同友会 …………………………… 182
経団連 ………………………………… 183
　──環境アピール ……………… 184
　──地球環境憲章 ………… 26, 183
決定（Decision） ………………… 53, 54
厳格責任 ………………… 157, 161, 162
　──と過失責任 ………………… 168
原状回復義務 ………………………… 150
原子力被害責任 ……………………… 158
建設資材リサイクル法 ……………… 20
公害対策基本法 ………………… 15, 17
公害対策問題 ………………………… 2
公害問題 ……………………………… 178
公衆に対する奉仕 …………………… 179
工場公害防止条例 …………………… 14
工場排水規制法 ……………………… 14
行動理念 ……………………………… 182
コーポレート・ガバナンス ………… 26

国際規格 ……………………………… 231
国際原子力委員会 …………………… 158
国際商業会議所 ……………………… 239
国際標準化機構 ………………… 233, 234
国連環境会議（気候変動枠組みに関する） …………………………… 105
国連環境開発会議 …………………… 233
国連環境計画（UNEP） ………… 5, 9, 7
国連・環境と開発に関する世界委員会 ………………………………… 5
国連人間環境会議 …………… 1, 148
ココ事件 ……………………………… 8
コジェネレーション ………………… 186
孤児損害 ……………………… 171, 174
コストダウン ………………………… 186
古典的な抗弁 ………………………… 169
コミッショナー（委員） …………… 56
コンプライアンス ………………… 26, 229
　──委員会 ……………………… 221
　──・プログラム ……………… 180

さ 行

在欧日系ビジネス協議会（JBCE）… 74, 87
再資源化 ……………………………… 123
財政上の保証（Financial Guarantes） 125
再生エネルギー（Renewable Energy） 109
　──の義務に関する命令（The Renewable Obligation Order 2002── "Order" ………… 109
再生義務証明書（Renewables Obligation Certificate-ROC） …… 110
再生材料等の利用 …………………… 214
削減負荷分担協定（Burden Sharing Agreement） ……………………… 120
産業廃棄物処理法 …………………… 20
産業廃棄物適正処理センター制度 … 19
酸性雨 ……………………… 5, 17, 30
三洋電機株式会社 …………………… 193
資源生産性の最大化 ………………… 201
資源有効利用促進法 ………………… 21
事後賠償 ……………………………… 2

索引

――責任 ………………………… 148
事後評価 ………………………… 189
自主行動宣言 …………………… 184
自然環境 ………………………… 17
自然と生物多様性 ……………… 37
事前防止原則（Prevention Principle）
　………………………… 34, 48, 49
事前防止の措置 ………………… 33
持続可能な開発 ………………… 5
　――のための経済人会議 …… 9
持続可能な発展 ……… 5, 34, 190, 232
持続的発展が可能 ……………… 6
持続的発展のための産業界会議 … 233
事態発生防止義務 ……………… 148
自動車排気ガス指令（Motor Vehicle Emissons Directive） …… 96
自動車リサイクル法 …………… 21
地盤沈下 …………………… 15, 20
シャープ株式会社 ……………… 193
社会的責任 ……………… 26, 177, 239
社内排出権取引制度 …………… 208
集合的財政負担システム ……… 71
臭素系難燃剤（PBBs および PBDEs）130
10の環境配慮事項 ………… 187, 188
集約効果評価（Concentration-effect assessment） ……………… 81
循環型経済社会の構築 ………… 186
循環型社会形成推進基本法 … 17, 18, 216
循環基本計画 …………………… 18
循環と共生 ………………… 11, 22, 23
準拠法 …………………………… 152
省エネルギー対策 ……………… 224
省エネルギー投資 ……………… 224
省エネルギー法 ………………… 21
省資源・省エネルギー ………… 213
使用済み自動車に関する指令 … 63, 126
承認 ……………………………… 84
食品リサイクル法 ……………… 20
指令（Directive） …………… 53, 54
新アプローチ（A New Approach）… 63
新 EMAS 規則 ………………… 43

侵害手続き ………………… 54, 58
新世紀企業宣言 ………………… 182
振動 ………………………… 15, 20
森林破壊 …………………… 2, 23
水銀 ………………… 95, 193, 226
水資源の減少 ……………… 2, 23
水質汚濁 …………………… 15, 20
　――防止法 ……………… 15, 151
水質保全法 ……………………… 14
スイス・バーゼル事件 ………… 16
スーパーファンド法 …… 20, 154, 240
ストックホルム宣言 ………… 4, 148
スペア部品 ……………………… 74
スリーマイル事件 ……………… 16
生産者 …………………………… 68
静止（非移動）型排出源 ……… 98
製造物責任 ……………………… 157
　――指令 ……………………… 156
成長の限界 ……………………… 4
製品リサイクル法 ……………… 206
　――案 ………………………… 206
政府助成策（EU State Aid）…… 108
生物多様性 ……………………… 174
世界経営者会議 ………………… ii
説明責任 ………………………… 231
セベソ ………………… 7, 29, 159
セベソ事件（事故）……… 7, 29, 30
セベソⅡ指令 …………………… 39, 42
セリーズ原則 …………………… 218
戦略的環境影響アセスメント指令 … 41
騒音 ………………………… 15, 20
　――規制法 …………………… 15
総合エネルギー管理庁（OFGEM）… 110
相互承認協定 …………………… 120
損害賠償義務 …………………… 150
損害発生地法主義 ……………… 152

た　行

第一審裁判所 …………………… 58
ダイオキシン …………… 7, 99, 213
大気汚染 ………… 2, 4, 15, 20, 23

索　引

──防止 …………………… 22
──防止法 ………………… 15, 151
大気質 ……………………… 91
　──についての枠組みに関する
　　指令（枠組み指令）………… 93
第5次環境行動計画 ………… 35
タイプ3文書 ………………… 13
大量消費 …………………… i, 11
大量生産 …………………… i, 11
大量廃棄型 ………………… 11
　──経済社会 ……………… i
第6次環境行動計画 ………… 35, 36
ただ乗り（Free-rider）………… 126, 136
ただのり業者 ……………… 69
田中正造 …………………… 14
谷中村の廃村 ……………… 14
単一欧州議定書 …………… ii, 31, 32, 46
炭素・エネルギー新税 ……… 105
炭素税 ……………………… 106, 209
地域環境力 ………………… 23
チェルノブイリ原発事故 …… 29, 45
地下水汚染 ………………… 240
地球温暖化 ………………… 2, 17, 23
　──ガス排出削減事業 …… 208
地球温暖化対策 …………… 186
　──推進大綱 ……………… 22
地球温暖化防止 …………… 223
　──会議 …………………… 210
　──京都会議 ……………… 10
　──行動計画 ……………… 16
地球環境憲章 ……………… 16
地球環境問題 ……………… 220
地球企業市民 ……………… 185
地球規模の環境保全 ……… 227, 228
経営理念 …………………… 229
地球サミット ……………… 3, 8, 11
地球市民 …………………… 190
地球の温暖化 ……………… 4
地球の友 …………………… 218
地球白書 …………………… 3
窒素酸化物 ………………… 93, 213

中間損失（interim losses）…… 173
中国リサイクル問題 ………… 207
調合（品）…………………… 82
調停委員会 ………………… 55, 68
直接参加方式 ……………… 114
テークバック（返還）引 …… 71
電気および電子機器廃棄物（WEEE）
　に関する指令 ……………… 67
電気電子機器廃棄物（WEEE）… 62
典型公害 …………………… 15, 20
電子情報技術産業協会 …… 205, 207
伝統的損害と環境損害 …… 166
天然資源の持続可能な利用 … 213
東芝国際事業行動基準 …… 221
登録 ………………………… 83
土壌汚染 …………………… 15, 240
　──対策法 ………………… 19
　──防止法 ………………… 15, 240
読会手続き（reading）……… 54
トップランナー …………… 21
富山のイタイイタイ病 …… 15
豊島問題 …………………… 19
トヨタ地球環境憲章 ……… 227
ドラッカー ………………… 179
取替用部品 ………………… 74
トリプルボトムライン ……… 138

な　行

内部協議（inter-service consultation）63
内部告発制度 ……………… 180
ナイロビ宣言 ……………… 5
名古屋・新幹線公害訴訟事件 … 15
鉛 …………………………… 93, 193, 226
二酸化炭素 ………………… 92
　の削減 …………………… 22
　──の排出量 ……………… 210
　──の排出量削減 ………… 25
二酸化炭素濃度 …………… 5
二次的汚染物質 …………… 94
二次的責任 ………………… 154
21世紀に向けた人類の行動計画 … 9

257

索引

二重ブランド ……………… 68
2001年白書 ……………… 82
2010グローバルビジョン ……… 227
ニッケル ………………… 95
任意協定 ………………… 97
人間環境会議 ……………… 4
人間環境宣言 …………… 1, 4, 148
熱帯林の減少 ……………… 17
熱電併給施設（CHP）……… 108
燃料の質についての指令（Fuel Quality Directive）……… 96

は 行

バーゼル条約 ……………… 7, 8
バイオテクノロジー ……… 168
排気ガス規制 ……………… 96
廃棄物管理 ……………… 168
廃棄物処理 ……………… 18
──法 ………………… 15, 18
廃棄物責任 …………… 159, 161
廃棄物ゼロエミッション …… 225
廃棄物の削減 ……………… 221
廃棄物の適正処理 ………… 18
排出権取引 …………… 10, 207
──制度 ……………… 25, 113
──仲介会社 ………… 208
排出取引枠 ……………… 115
排出枠 ………………… 114
ハイブリット車 …………… 98
発生源での対応原則（Ratification At Source Principle）…… 34, 48, 50
ヴァルディーズ原則 ……… 218
汎欧州電気電子機器再生プラット・フォーム（European Recycling Platform）……………… 135
万国企画統一協会 ………… 234
反転現象 ………………… 105
ビジネス取引（B to B）…… 131
日立煤害事件 ……………… 14
評価 …………………… 84
費用対効果 ……………… 243

非倫理的な行為 …………… 180
プーリング等 ……………… 118
フォーディズム …………… 179
フォーラム・ショップ …… 172
不法行為 ………………… 151
部門共同協定（Climate Change Agreement）…………… 108
フレンズ・オブ・アース …… 218
ブルントラント委員会 ……… 5
プロトコール方式 ……… 124, 142
フロン ………………… 92
分別回収（Separate Collection）… 122
ベストフード事件 ………… 154
ベンゼン ………………… 94
ヘンリー・フォード ……… 179
貿易産業省（DTI）………… 111
芳香族系炭化水素類 ……… 95
法的期待性の原則 ………… 99
補充性の原則 ……………… 50
ポリ臭化ジフェニルエーテル … 193, 226
ポリ臭化ビフェニール …… 193, 226
ホワイト・ペーパー ……… 165

ま 行

マーストリヒト条約 …… 31, 106
松下電器産業株式会社 …… 193
緑の党 …………………… 57
みなしご製品（Orphan Products）69, 126
民事責任指令案 ………… 156
無過失責任 ………… 148, 151, 157
六つの有害物質 ………… 193
明確な承認 ……………… 53, 65
メタン ………………… 92, 117

や 行

約束文書 ………………… 13
有害化学物質規制法 ……… 206
──案 ………………… 206
有害大気汚染物質 ………… 22
有害廃棄物の越境移動 …… 29
有害廃棄物の使用 ………… 5

索　引

有害物質の使用制限（RoHS）に関する指令 …………… 72
有害物質の廃棄問題 …………… 17
有資格当事者 …………… 168
優先リスト …………… 78
ユニオン・カーバイド社 …………… 153
容器包装リサイクル法 …………… 20
ヨーロッパ原子力共同体 …………… 7, 32
良き企業市民 …………… 182, 221
四日市喘息 …………… 14
ヨハネスブルグサミット …… 6, 11, 12
予備的決定（preliminary decision）… 58
予防原則（Precautionary Principle）
　…………… 33, 34, 46, 48
四大公害 …………… 15
　――事件 …………… 15

ら・わ 行

ライフサイクルアセスメント … ii, 186, 234, 237
ライン川汚染事故 …………… 29, 45
ライン川の汚染問題 …………… 159
リオ会議 …………… 5
リオ宣言 …………… 3, 8
リサイクル …………… 18
　――可能性 …………… 214
　――設計 …………… 70
　――法 …………… 18, 21
リスクアセスメント …………… 225
立証責任 …………… 170
粒子 …………… 100
倫理的行動 …………… 180
歴史的廃棄物（Historical Waste）70, 136
連帯責任方式（Joint and Several liability）…………… 163
ローマ・クラブ …………… 3, 4
ローマ条約 …………… 106
六フッ化硫黄 …………… 117
ロシア・チェルノブイリ事件 …… 17
露出評価（Exposure Assessment）… 81
六価クロム …………… 193, 226
ワールド・ウォッチ研究所 …………… 3

編者・執筆者紹介

河村　寛治（かわむら　かんじ）

1971年早稲田大学法学部卒。伊藤忠商事㈱入社，法務部所属，ロンドン大学大学院留学，伊藤忠ヨーロッパ会社法務担当，伊藤忠商事法務部国際法務チーム長・法務部次長，明治学院大学法学部教授を経て，同大学法科大学院教授。

主要論文:『環境問題と企業経営についての一考察』(明治学院「法学研究」68号，1999年9月)，『国際法務グローバル・スタンダード17ヶ条』(共著，プロスパー企画，1999年9月)，『総解説ビジネスモデル特許』(共著，日本経済新聞社，2000年)，『国際取引法と契約実務』(共著，中央経済社，2003年3月)

三浦　哲男（みうら　てつお）

1971年神戸大学法学部卒。㈱東芝入社，国際協力部所属，ロンドン大学大学院留学，同社法務部国際法務担当部長，東芝ヨーロッパ社副社長を経て，現在，富山大学教授（経済学部経営法学科）。

主要論文:『実務からみた EU 法制の新たな動き① EU 合併規則』(JCA ジャーナル48巻9号，国際商事仲裁協会／2001年9月)，『国際プロジェクトのリスク・マネジメント』(国際商事法務 Vol.30, No.9, 国際商事法研究所／2002年9月)，『アジアにおける合弁事業の法的問題点』(国際商事法務 Vol.31, No.5, 国際商事法研究所／2003年5月) 他多数。

クリス・ポレット（Kris Pollet）

ベルギー国籍。同国の聖イグナチウス（アントワープ）大学およびインストリング・アントワープ大学卒業後，欧州議会事務局にて英国選出議員のアドバイザーとして勤務した。1997年よりホワイト・アンド・ケース（ブラッセル）法律事務所にて環境法を扱う弁護士として活躍中である。

主要論文:定期刊行の法律雑誌 "European Trends" (1994-1997) に以下の論文を発表。
- EU Institutional Issues and the Intergovernmental Conference
- The EU Structural Funds for Regional Aid
- The EU Framework for R&D Financing

など。

石井　孝宏（いしい　たかひろ）

1970年京都大学経済学部卒。㈱東芝入社，第一輸出部所属。米国・欧州の同社現地法人の営業責任者を経験。現在，同社欧州総代表（欧州・中近東・アフリカ担当）兼東芝ヨーロッパ社社長。

中山　敬（なかやま　たかし）

1990年早稲田大学法学部卒。㈱東芝入社，エネルギー海外業務部所属。中国対外経済貿易大学留学，現在，同社法務部主務。

主要論文:『国際プロジェクトのリスク・マネジメント，Ⅲ. ダメージ・コントロール』(国際商事法務 Vol.31, No.1, 62頁以下（㈳国際商事法研究所／2003年1月)。

編　集

河村寛治　三浦哲男

EU環境法と企業責任

初版第 1 刷発行　2004年 4 月10日

編　者

河 村 寛 治

三 浦 哲 男

発行者

袖 山 貴 ＝ 村岡侖衛

発行所

信山社出版株式会社

113-0033　東京都文京区本郷 6 - 2 - 9 -102
TEL 03-3818-1019　FAX 03-3818-0344

印刷・製本　松澤印刷株式会社
©2004　河村寛治・三浦哲男
ISBN4-7972-5079-8・C3032

信 山 社

倉阪秀史 著
環境政策論　Ａ５判 本体　3,400円

髙村ゆかり・亀山康子 編
京都議定書の国際制度　Ａ５判 本体　3,900円

磯崎博司 著
国際環境法　Ａ５判 本体　2,900円

石野耕也・磯崎博司 ほか編
国際環境事件案内　Ａ５判 本体　2,700円

浅野一郎 編
現代の議会政　Ａ５判 本体　4,500円

篠原一・林屋礼二 編
公的オンブズマン　Ａ５判 本体　2,800円

篠原一 編集代表
警察オンブズマン　Ａ５判 本体　3,000円

鮫島眞男 著
立法生活三十二年　Ａ５判 本体　10,000円

石村　健 著
議員立法　Ａ５判 本体　10,000円

常岡孝好 編
行政立法手続　Ａ５判 本体　8,000円

田丸大 著
法案作成と省庁官僚制　Ａ５判 本体　4,300円

松尾浩也＝塩野　宏 編
立法の平易化　Ａ５判 本体　3,000円

山村恒年 著
行政過程と行政訴訟　Ａ５判 本体　7,379円

山村恒年＝関根孝道 編
自然の権利　Ａ５判 本体　2,816円

明治学院大学立法研究会 編
現場報告・日本の政治　四六判 本体　2,900円
市民活動支援法　四六判 本体　3,800円